# Basic
고교생을 위한 지구과학 용어사전

이석형 엮음

좋은 책 좋은 독자를 만드는 —
㈜신원문화사

일 · 러 · 두 · 기

1. 이 책의 용어는 '한글 맞춤법 통일안'을 기준으로 하였다.
2. 외국어 표기는 원칙적으로 '외래어 표기 용례집'(1987. 11. 17)을 따랐으며, 외국어와 우리말이 결합된 말들의 표기는 국립 국어 연구원에서 발간한 〈표준어 국어 대사전〉을 참고하였다.
3. 의미의 혼동을 줄 우려가 있거나 용어의 이해를 높이기 위하여 괄호 안에 한자 또는 영어를 병기하였다.
4. 이 책의 내용 중 〈 〉는 서적을 나타낸다.
5. 이 책의 ▪는 중요도를 의미한다.
6. 이 책의 용어는 가나다 순에 따라 배열하였다.

과학은 이제 과학자들만의 몫이 아닙니다. 우리가 사용하는 각종 기구와 기계들만 살펴보더라도 과학지식과 응용범위가 우리의 일상생활과 얼마나 밀접한 관련을 맺고 있는지 실감할 수 있습니다. 그러나 학교에서의 과학은 공부하기 어려운 과목, 싫어하는 과목으로 학생들에게 낙인찍혀 포기하려는 경향이 높아지고 있는 실정입니다.

우리가 배우는 교과는 각기 다른 학습능력을 요구합니다. 수학은 논리적 사고를 요구하고, 과학은 탐구력이 필요하며, 사회 교과 등에서는 기억력과 암기력을 필요로 합니다. 그러나 이 모든 교과에 공통적으로 필요한 사항은 기본적인 용어의 이해입니다.

수학에서 +, −, ×, ÷ 등의 기호가 의미하는 것을 모른다면 수식은 단지 그림에 불과하듯이, 과학을 공부하는 데 있어 기본적인 용어의 숙지는 보다 넓은 이해와 깊이 있는 탐구를 위한 전제 조건이라 할 수 있습니다.

지구과학 용어사전은 제7차 교육과정의 7학년에서 12학년까지의 과학, 지구과학 Ⅰ · Ⅱ의 교과에서 다루는 지구과학 분야의 기본 용어를

엄선하여 교과서 옆에 항상 가까이 두고 쉽게 찾아볼 수 있도록 정리하였습니다.

이 책을 통해 지구과학의 기본 개념을 이해하여, 우리 주변에서 항상 일어나고 있는 지구과학적인 모든 현상을 발견하고 응용할 수 있는 혜안을 가지게 되기를 기대합니다.

2002년 3월

엮은이 씀

# 차 례

Basic

고고생을 위한 **지구과학 용어사전**

## 각섬석 角閃石 ■ ■ ■

단사정계에 속하는 조암광물로 유색광물에 속한다.

규산염광물인 각섬석은 굳기 5~6, 비중 3.1~3.3, 빛깔은 암갈색 · 흑색 · 녹흑색 등이고 산에 녹지 않는다. 약간 긴 마름모기둥이나 육각기둥, 때로는 짧은 주상 결정으로 나타난다. 기둥에 평행한 두 방향으로 완전한 쪼개짐이 있는데, 이들 두 쪼개짐은 약 $120°$ 와 $60°$ 에서 서로 교차하므로 $90°$ 로 교차하는 휘석과 구별되고, 이러한 쪼개짐은 주로 안산암 · 섬록암 등 중성암에서 많이 나타난다.

▶단사정계 → 6정계

## 각지름 ■ ■

천체의 상단과 하단이 이루는 각으로 각직경이라고도 한다. 단위는 각도의 도(°) · 분(′) · 초(″)를 사용한다. 태양과 달의 각지름은 $0.5°$ 정도이며 거리가 멀수록 각지름이 작아진다.

각지름

## 간섭색 干涉色 ■ ■

복굴절을 하는 광물 결정의 얇은 조각을 직교니콜 하에서 편광현미경으로 관찰할 때 나타나는 알록달록한 색.

광물마다 나타나는 간섭색에는 각기 특징이 있기 때문에 이것을 현미경으로 관찰하여 광물을 감정한다.

### 갈철석 褐鐵石 ■

산화제이철($Fe_2O_3$)을 주성분으로 하는 철광석으로 성분은 $Fe_2O_3 \cdot nH_2O$이다. 결정은 괴상 또는 토상 · 분말상으로 나타나고 굳기는 4, 비중은 3.8이다. 황갈색이나 흑갈색 또는 적갈색을 띠고 대부분 광택이 없다.

### 감람석 橄欖石 ■ ■ ■

사방정계에 속하는 주요 조암광물로 성분은 $(Mg, Fe)_2SiO_4$이다. 주상 결정을 이루고 올리브색 · 황갈색 · 회적색을 띤다. 투명 또는 반투명하고 조흔색은 백색이며 굳기 6.5~7, 비중 3.2~3.4이다.

▶ 사방정계 → 6정계

### 강설량 降雪量 ■ ■

어떤 기간 동안 내린 눈의 양.

눈이 내려 쌓인 깊이를 측정하여 양으로 나타낼 때는 적설량이라 하고, 눈을 녹이거나 무게를 측정하여 물의 양으로 환산하여 표시할 때는 강설량이라 한다. 즉 30cm 적설량은 약 25mm 강설량에 해당하여 적설량을 강설량으로 환산하면 약 1/10이 된다. 적설량은 적설 측정판을 이용하여 측정하는데, 그 방법은 다음과 같다.

지면 위에 놓아둔 판자에 쌓인 적설량을 한 시간 간격으로 측정한 다음 다시 판자를 깨끗이 비운다. 이 방법으로 측정할 때는 눈이 꾹꾹 눌려 쌓이기 전에 측정해야 정확하다. 하지만 한 개의 측정판만으로 전 지역의 적설량을 알아낼 수는 없으므로 많은 수의 판자를 사용해야 한다.

### 강옥 鋼玉 ■

육방정계에 속하는 광물로 화학성분은 $Al_2O_3$이고 천연산 산화알루미늄으로 6각 판상 또는 주상 모양의 결정을 이룬다.

쪼개짐은 분명하지 않고 굳기 9, 비중은 3.9~4.1로 약간 무거운 편이다. 일반적으로 회색 · 암회색 · 청회색을 띠고 투명 또는 반투명하며, 유리광택을 가지는데 밑면은 진주광택이 나기도 한다. 산에 녹지 않으며 보석으로 취급된다. 빛깔에 따라 무색-백사파이어, 청색-사파이어, 홍색-루비, 녹색-오리엔탈 에메랄드, 보라색-오리엔탈 아메지스트, 황색-오리엔탈 토파즈 등으로 다양하며, 특히 루비와 사파이어는 옛날부터 보석으로 애용되었다.

▶육방정계 → 6정계

### 강우량 降雨量 ■ ■ ■

어떤 기간 동안에 내린 비의 양.

강수량은 강우량과 강설량을 합한 양이다. 비가 평탄한 지면에 내렸을 때 흘러가거나 땅 속으로 스며들지 않고 땅 표면에 고인 물의 깊이를 mm나 inch(인치) 등으로 표시한다.

강우량은 보통 직경 8inch짜리의 단순한 철재 실린더와 직경이 좁은 계수 장치로 구성되어 있는 우량계로 측정한다. 바깥쪽의 실린더로 들어온 물은 내부의 작은 계수 장치로 흘러 들어 측정된다. 물을 직경이 좁은 내부 계수 장치로 흘려 보내는 것은 수면의 높이를 높아지게 함으로써 보다 정밀한 강우량 측정을 할 수 있게 하기 위함이다.

### 거성 巨星 ■■

별의 진화 과정에서 헬륨핵의 융합 반응으로 중심부에 탄소, 산소의 핵이 형성된 단계의 별로, 광도가 태양의 10~1,000배, 반지름이 10~100배인 큰 별이다.

유효온도가 같은 별인 경우 주계열성보다 절대광도가 높아서 매우 밝다. H−R도에서 거성은 주계열성에 비해 오른쪽 위에 위치하고, 스펙트럼형은 대부분 G · K · M형을 나타낸다. 내부의 핵 융합 반응 정도에 따라 준거성을 거쳐 거성으로 진화한다.

### 건열 乾裂 ■■■

점토층의 지표가 물이 마르면서 생기는 현상으로, 석호 · 하구 주변 등에서 흔히 볼 수 있다. 보통 시간이 지나면 침식으로 없어지지만 점토층이 마르면서 다각형의 갈라짐이 생긴 직후, 갈라진 틈에 사질 퇴적물 등이 채워지면 지층 속에 그 모양이 보존된다. 건열이 나타나면 그 당시의 기후 환경을 알 수 있다.

### 건층 鍵層 ■■

거리상 멀리 떨어진 지층들이 같은 시대에 생성된 것인지를 비교하고 시간적 순서를 밝히는 것을 '지층의 대비'라고 한다. 특히 암석에 의한 지층의 대비에 있어서 같은 퇴적분지의 지층이나 비교적 가까운 지층의 대비에 사용되는 지층으로, 대비에서 기준이 되는 층을 건층이라고 한다. 보통 응회암이나 석탄층과 같이 특정한 환경에서 일시적으로 광범위하게 형성되는 지층이 건층으로 이용된다.

## 겉보기 등급 ■■■

지구의 관측자가 보는 별의 상대적 밝기를 등급으로 나타낸 것으로, 실시등급이라고도 한다.

포그슨의 방정식에 의하여 두 별의 등급이 각각 $m_1$, $m_2$, 광도가 $l_1$, $l_2$라 하면 다음과 같은 관계식이 성립한다.

$$m_1 - m_2 = -2.5 \log\left(\frac{l_1}{l_2}\right)$$

## 결정 結晶 ■■

천연으로 산출되는 광물 중 외형이 완전히 결정면으로 둘러싸여 있는 다면체. 결정은 그 결정을 이루는 원자나 이온들의 규칙적인 배열로 나타난다. 여러 가지 원인에 의해 외형적으로는 결정형을 이루지 못하는 경우가 있는데, 이를 결정질이라고 한다.

한편, 구성원자나 이온들이 불규칙하게 배열되어 있는 고체를 비결정질이라고 하며, 그 예로는 유리 · 단백석 등을 들 수 있다.

| 주요 광물의 결정형 |

석 영  　　정장석  　　흑운모  　　각섬석  　　휘 석  　　감람석

## 경도풍 傾度風 ■■

등압선이 원형인 경우, 수평 방향의 기압경도력과 지구 자전에 의한

전향력 · 원심력이 균형을 이루었을 때 등압선을 따라 부는 바람.
지구 자전에 의한 전향력 때문에 북반구에서는 저기압에서 반시계
방향으로, 고기압에서는 시계 방향으로 불며, 남반구에서는 방향이
반대가 된다. 지면과의 마찰은 고려하지 않아도 되며, 지상 약 2km
이상의 상층풍(上層風)이 경도풍에 가깝다.

| **북반구에서의 경도풍** |

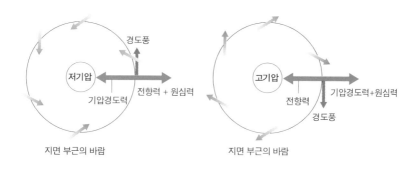

### 경사류 傾斜流 ■

해수면 경사에 의해 생긴 압력 분포와 평형을 이루기 위해 발생하
는 해류이다. 해수면의 경사는 기압 · 강수 · 증발량의 차이나 저기
압 중심에서 발생한다. 적도 반류는 적도 해류가 대양의 서안에 쌓
이면서 생긴 경사류의 예이다.

### 경사부정합 傾斜不整合 ■

먼저 쌓인 지층과 나중에 쌓인 지
층이 평행이 아닌 부정합을 경사부
정합이라 한다. 이것은 보통 조산
운동을 받은 지층에서 형성된다.

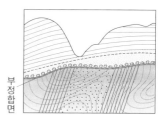

## 계절풍 季節風 ■■

계절에 따른 대륙과 해양의 온도 차이에 의해 겨울에는 대륙에서 대양을 향해 불고, 여름에는 대양에서 대륙을 향해 불어, 약 반년을 주기로 풍향이 바뀌는 바람.

일반적으로 대륙과 대양의 온도차는 겨울에 현저하고 여름에는 비교적 적으므로, 겨울의 계절풍은 여름의 계절풍에 비해 훨씬 강하다. 대륙과 대양 사이에서는 어디에서든 계절풍이 불지만 지역에 따라 차이가 크며, 우리 나라에서는 겨울에 북서풍이 불고 여름에는 남동풍이 분다.

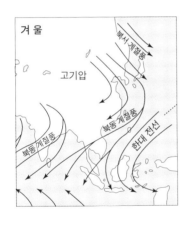 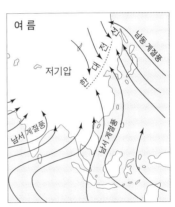

## 고기압 ■■■

같은 높이에서 주위보다 기압이 높은 지역.

바람은 고기압 중심으로부터 북반구에서는 시계 방향으로 불어 나간다. 풍향과 등압선이 이루는 각은 해상에서 약 $10° \sim 30°$, 육상에서는 $30° \sim 45°$ 가 된다.

고기압 중심에서는 하강기류가 발생하기 때문에 날씨가 맑고, 구조에 따라 온난고기압과 한랭고기압으로 분류한다.

온난고기압의 수직 분포

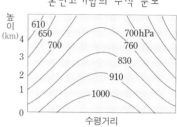

| 고기압에서의 바람 (북반구) |

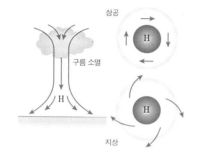

한랭고기압의 수직 분포

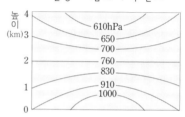

## 고도 高度 ■ ■

지평선을 기준으로 하여 측정한 천체의 높이를 각으로 나타낸 것.
지평선의 위쪽을 +, 아래쪽을 −로 표시한다. 천정과 천저의 고도
는 각각 $90°$ 와 $-90°$ 가 된다. 고도의 여각으로, 천정으로부터 천체
까지의 각거리를 천정거리라고 한다.

## 고생대 古生代, Paleozoic Era ■ ■ ■

지질시대를 생물계의 변천에 따라 3분한 것 중 초기의 지질시대.
지금으로부터 5억 7,000만 년 전부터 2억 2,500만 년 전까지로 초
기부터 캄브리아기 · 오르도비스기 · 실루리아기 · 데본기 · 석탄기
및 페름기로 세분한다.
고생대층은 퇴적암류가 우세하고 무척추 동물이 크게 번성하였다.
특히 캄브리아기 초기에는 여러 종류의 무척추 동물이 출현하여 선

캄브리아대와는 뚜렷한 변화를 보인다. 대표적인 화석으로는 삼엽충과 완족류가 있다.

## 고용체 固溶體 ■ ▪

고체이면서 용액과 같은 성질을 갖는 물질.

물에 염화나트륨을 녹이면 외관상으로는 보통의 물과 같지만, 어느 부분에나 염화나트륨이 고르게 분포되어 있어 짜다는 염화나트륨의 특징이 나타나며 농도가 달라도 같은 특성을 갖는다. 고체 중 이와 같은 특징을 갖는 것을 고용체라 한다.

고용체에는 원자 사이의 틈에 다른 원소의 원자가 끼어 있는 형태의 고용체와 정연하게 늘어서 있는 원래의 원자를 밀어내고 그 자리로 크기가 비슷한 원자가 대신 들어가는 고용체가 있다.

조암광물은 대부분 일정한 화학성분을 가지지 않고 어떤 범위 내에서 성분에 변화가 있다. 예를 들면 사장석은 Na, Ca의 알루미늄 규산염이지만 성분 중 비교적 Ca · Al이 많은 것, Na · Si가 많은 것 등 종류가 여러 가지이다. 이것은 염화나트륨 같은 수용액의 농도가 여러 가지인 것과 비슷하므로, 이와 같은 광물을 '고용체광물' 이라 한다. 장석 · 운모 · 각섬석 · 휘석 · 감람석 등 주요 조암광물은 모두 고용체광물이다.

## 고유 운동 固有運動 ■

지구에서 본 항성(恒星)의 천구상 위치가 오랜 세월이 지나는 동안 조금씩 변하는 현상.

항성은 천구상에 고정되어 있어 별자리 모양이 변하지 않는 것처럼 보이지만, 오랜 시간 간격을 두고 찍은 사진을 비교하면 그 위치가 조금씩 변함을 알 수 있다.

고유 운동을 처음 발견한 것은 영국의 E. 핼리이다. 1718년 당시에 관측된 별과 옛날 그리스의 히파르코스가 관측한 별을 비교하여 약 2,000년 동안에 시리우스는 0.5°, 아르크투루스는 1°나 움직인 것을 발견하였다. 고유 운동은 우리의 시선 방향과 직각인 방향으로 일어나며, 1년 동안 움직인 각도를 초(″)로 나타낸다.

현재 고유 운동이 가장 큰 별은 뱀주인자리의 10등성인 바너드별로, 고유 운동은 10.3″/년이다.

## 곡풍 谷風 ■■

골짜기에서 산등성이로 부는 바람으로 골바람이라고도 한다.

낮 동안 햇빛에 의해 산의 비탈면과 골짜기가 다른 곳보다 더 가열되면 부근의 공기는 따뜻해지고, 더워진 공기는 밀도차에 의해 산의 비탈면이나 골짜기를 따라 상승하면서 곡풍이 형성된다.

햇빛이 강하게 내리쬘 때 뚜렷하게 나타나며 구름이 많은 흐린 날에는 거의 생기지 않는다.

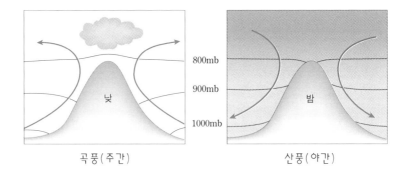

곡풍(주간)　　　　　산풍(야간)

## 공극 孔隙 ■■

토양이나 암석 속에 비어 있는 부분. 간극이라고도 한다.

암석의 전체 부피에 대한 공극의 부피를 백분율로 나타낸 것이 공극률이다. 공극률은 입자의 크기가 고를수록 커진다.

$$공극률(\%) = \frac{공극의\ 부피}{토양의\ 부피} \times 100$$

## 공전 公轉 ■ ■ ■

어떤 천체가 다른 천체의 둘레를 도는 운동.

즉 행성이나 혜성이 태양 둘레를 돌거나 달이 지구 둘레를 도는 것처럼 위성이 모행성의 둘레를 도는 것이다. 쌍성계에서 동반성이 주성 둘레를 도는 것도 공전이라 한다.

## 관입의 법칙 law of intrusion ■ ■

화성암을 만드는 마그마가 어떤 지층을 관입했을 때 관입한 화성암은 그 지층보다 후기에 생성된 것이라는 법칙.

기존의 암석에 마그마가 관입(貫入)하여 암체(岩體)가 생겼을 경우에 관입당한 암석이 관입하여 들어간 암석보다 지질학적으로 시간상 오래된 것이다. 쉽게 말하면, 이미 형성되어 있는 암석에 새로이 마그마가 관입해 들어간 것이므로 관입당한 암석이 오래된 것이다. 또 수직에 가까운 판상(板狀)의 화성암체를 암맥(岩脈)이라 하고, 거의 평행으로 관입한 판상의 화성암체를 암상(岩床)이라고 한다. 특히 지층면에 평행하면서 수평으로 관입한 것은 '실(sill)'이라고 부른다. 따라서 관입의 법칙은 암석의 상대적인 순서를 정하는 데 매우 중요하다.

**광구** 光球 ■

육안으로 보이는 태양의 빛나는 부분.

기하학적인 면이 아니고 표면에서 깊이 약 500km까지의 층이다.

그 온도는 약 6,000K이다. 흑점 · 쌀알무늬 등이 나타난다.

**광년** 光年 ■ ■ ▪

빛의 속도로 1년 동안 가는 거리를 말한다. 천문단위(AU) 및 파섹
(pc)과 더불어 천체들 사이의 거리를 재는 데 쓰인다. 빛은 1년간에
약 $9.46 \times 10^{12}$km 진행한다.

• 1광년$=6.324 \times 10^4$AU$=0.307$pc

**광도** 光度 ■

빛의 세기를 나타내는 양. 광원으로부터 단위거리만큼 떨어져 빛의
방향에 수직으로 놓인 면의 밝기, 즉 단위면적을 단위시간에 통과
하는 빛의 양으로 나타낸다.

**광물** 鑛物 ■ ■ ▪

천연의 무기질로서 균질의 고체이며, 일정한 범위 내에서 화학조성
과 원자 배열을 가지고 있는 물질이다. 특히 암석을 구성하는 다양
한 색깔 · 크기 · 모양의 작은 입자들을 광물이라 한다.

석영 · 장석 · 운모 · 각섬석 · 휘석 · 감람석을 6대 조암광물이라고
한다.

**광상** 鑛床 ■

지각(地殼)에서 유용광물이 천연적으로 농집되어 있어 채굴의 대상
이 되는 곳.

목적 · 용도에 따라 주로 금속광물이 있는 금속 광상, 유용 비금속 광물이 있는 비금속 광상으로 나누며, 성인(成因)에 따라 마그마 광상, 퇴적 광상, 변성 광상의 3가지로 구별한다.

### 광택 光澤 ■

물체 표면의 물리적 성질로서, 빛을 반사하는 정도를 나타내는 것. 광물의 광택에는 금강광택 · 금속광택 · 유리광택 · 진주광택 · 견사광택 · 지방광택 · 수지광택 · 토상광택 등이 있다.

### 광행차 光行差 ■■■

관측자의 운동에 의해서 천체의 겉보기 위치가 영향을 받는 현상.

비가 올 때 우산을 기울이고 달리는 것처럼, 공전 속도가 30km/s이고, 적도에서의 자전 속도가 0.46km/s인 지구상에서 천체를 관측하면 천체의 겉보기 위치는 실제

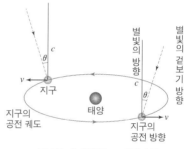

$c$ : 광속도, $\theta$ : 광행차, $v$ : 공전 속도

$$\tan \theta = \frac{v}{c}$$

위치보다 앞쪽에서 관측된다. 지구의 공전 때문에 지구상에서의 항성의 겉보기 위치는 1년을 주기로 20.47″의 차이가 생긴다.

### 교결 작용 膠結作用 ■■

퇴적물의 입자 또는 광물이 그들 사이에 침전한 광물 성분에 의해서 달라붙는 현상으로 속성 작용(續成作用) 중의 한 과정이다. 교결물질로는 탄산칼슘 · 규산 · 산화철 등이 있다.

## 구 矩 ■

외행성이 태양의 직각 방향에
오는 시각 또는 그 위치.
지구보다 느리게 공전하는 외행
성은 태양과 이루는 각이 점차
커지게 되고 그 각이 90°가 되는
경우가 있는데, 이를 구라 한다.
태양의 오른쪽 90°의 구를 서방

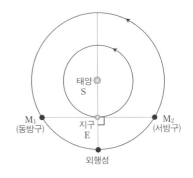

구라 하고, 태양의 왼쪽 90°인 곳을 동방구라 한다.

## 구상성단 球狀星團 ■■■

M13

수만 내지 수백만 개의 별이 공 모양으로 밀
집한 성단.
은하계의 중심으로부터 지름 약 5만 광년의
공 모양의 은하핵 부근에 약 100개의 구상
성단이 분포한다. 사냥개자리 M3, 헤라클레
스자리 M13이 대표적이다.

## 굳기 ■■■

물질의 단단함과 무른 정도를
나타내는 것으로 경도라고도 한
다. 무른 활석에서 단단한 다이
아몬드에 이르기까지 10단계의
광물을 정하고, 미지의 재료 표
면을 문질러 그 표면에 자국이
생기는 것으로 굳기를 정한다.

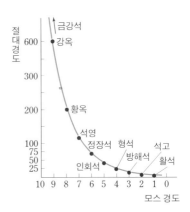

독일의 광물학자 모스가 고안해 낸 모스 경도는 광물 굳기의 상대적 크기를 나타낸 것으로 절대경도와는 다르다.

| 모 스 경 도 |

| 굳기 | 1 | 2 | 3 | 4 | 5 | 6 | 7 | 8 | 9 | 10 |
|------|---|---|---|---|---|---|---|---|---|----|
| 광물 | 활석 | 석고 | 방해석 | 형석 | 인회석 | 정장석 | 석영 | 황옥 | 강옥 | 금강석 |

• 외우는 요령 : 활석이 방형에서 인정 많은 석황을 강금했다.

## 규산염광물 ■ ■ ■

산소와 규소의 화합물인 규산염으로 이루어진 광물의 총칭이다. 조암광물의 대부분이 여기에 속한다.

대부분의 규산염광물은 그림과 같은 규산염 사면체를 기본 구조로 하는 고용체로서, 규산염 사면체를 이루는 산소 원자들 중 몇 개를 서로 공유하며 결합했느냐에 따라 독립상, 고리상, 이중고리상, 판상으로 분류한다.

| 원 자 배 열 |

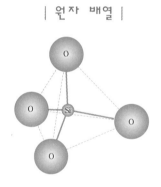

## 규화목 硅化木 ■

지하에 매몰된 식물의 목질부가 지하수에 용해된 이산화규소와 치환되어 돌처럼 단단해진 식물 화석.

규화목은 목재의 미세한 구조가 보존되어 있어 고대 식물의 분류나 계통을 알아낼 수 있기 때문에 식물 화석 연구의 중요한 한 분야를 차지하고 있다.

## 균질권 均質圈 ■

대기 성분이 균질한 층.

대기는 여러 성분이 혼합되어 있다. 지표 부근의 건조한 공기는 표
와 같이 대부분 질소와 산소로 구성되어 있는데, 높이 100km까지
는 이러한 성분비가 일정하게 유지된다.

| 대기의 성분(지표 부근) |

| 성     분 | 분  자 | 부피비(%) | 무게비(%) |
|:---:|:---:|:---:|:---:|
| 질   소 | $N_2$ | 78.1 | 75.5 |
| 산   소 | $O_2$ | 20.9 | 23.1 |
| 아 르 곤 | Ar | 0.9 | 1.3 |
| 이산화탄소 | $CO_2$ | 0.03 | 0.05 |
| 기   타 | | 0.07 | 0.05 |

## 그레고리력 Gregorian calendar ■

로마 교황 그레고리우스 13세가 제정한 태양력.

기원은 로마력이지만 여러 번의 개정을 거쳐 오늘날에 이르렀다.
1582년 종래에 써 오던 율리우스력에서 3월 11일부터 20일까지를
건너뛰는, 즉 3월 10일 다음 날을 3월 21일로 한다는 새 역법을 공
포하였는데, 이것이 현재까지 사용하는 그레고리력이다.

그레고리력에서는 윤년은 원칙적으로 4년에 한 번을 두되, 연수가
100의 배수일 때는 평년으로, 다시 400의 배수인 해는 윤년으로
하고 있다. 태양년(회귀년)과의 차는 3,000년에 하루 정도가 된다.

## 금성 金星, Venus ■ ■ ■

태양계 내에서 태양으로부터 두 번째에 위치한 행성.

금성에는 주로 탄소의 산화물인 $CO_2$, $C_3O_2$, CO와 수증기로 두껍

게 둘러싸여 있기 때문에 그 표면을
볼 수 없었지만, 표면충돌 우주선·
연착륙 우주선 등에 의해 금성 지도
와 대기의 상태가 조사되었다.

수성과 마찬가지로 태양 가까이에서
공전하고 있으므로 새벽과 초저녁에
만 관측이 가능하고, 100배 이상의
배율로 관측하면 달처럼 위상이 변
하는 모습을 관측할 수 있다.

지구에서 볼 때 태양·달 다음의 세 번째로 밝은 천체로 최대광도
는 −4.3등급이다. 초저녁에 서쪽 하늘에서 반짝일 때는 개밥바라
기 또는 태백성이라 부르고, 새벽에 동쪽 하늘에서 반짝일 때는 샛
별 또는 계명성이라고 부른다. 공전주기는 224.7일, 자전주기는
243.01일이다. 지구 안쪽 궤도에서 공전하므로 태양 근처에서 보
이며, 최대이각은 48°이다.

망원경으로 관측하면 표면이 하얀 구름으로 덮여 있어 표면의 모습
은 보이지 않는다. 1962년 미국의 매리너 2호의 탐사 이후 금성의
표면 모습이 자세히 알려졌다. 표면온도는 약 470℃, 기압은 90기
압, 온실 효과로 인해 야간에도 거의 온도가 내려가지 않는다. 대기
는 주로 이산화탄소로 구성되어 있고 표면에는 많은 크레이터
(crater)가 있으며, 바다는 없지만 지구의 지형과 많이 흡사하다.

금성까지의 거리는 지구에서 발사된 전파가 금성에 반사되어 다시
지구로 되돌아오기까지의 시간으로 측정한다. 지구와 태양 간의 평
균거리인 천문단위(AU)의 길이는 이 방법에 의해 정밀하게 측정된
다. 내합 부근에서 약 4,100만km로 최소이고, 외합 부근에서는 약
2억 5,800km로 최대가 된다.

기단 氣團 ■■

공기가 한곳에 오래 머물면서 지표면의 성질을 닮아 생성된 것으로, 기온 · 습도 등의 대기 상태가 거의 비슷한 성질을 가진 공기 덩어리를 말한다. 보통 그 크기가 수평으로 수백~수천km이다.

기단은 발생한 위도에 따라 열대 · 한대 · 극 기단 등으로 구분하고, 습도 조건에 따라 대륙에서 발생한 건조한 대륙성 기단과 해상에서 발생한 습한 해양성 기단으로 구분하기도 한다.

우리 나라에 영향을 미치는 기단은 다음과 같다.

| 한반도 주변의 기단 |

| 명 칭 | 발생지역 | 기호 | 발생시기 | 특 색 |
|---|---|---|---|---|
| 시베리아 기단 | 시베리아 대륙 | cP | 겨울 | 차고 건조하지만, 동해로 빠진 다음에는 급격히 변질되기 때문에 불안정해져 북서계절풍을 일으킨다. |
| 오호츠크해 기단 | 오호츠크해 | mP | 장마철과 가을 | 발생지에서는 날씨가 좋으나, 한반도 부근에서는 mT와 대치되어 기압골을 형성하기 때문에 음산한 날씨를 나타내고 장마를 가져오기도 한다. |
| 북태평양 기단 | 일본 동남쪽 해상 | mT | 여름 | 따뜻하고 습하지만 상층의 상대습도는 낮고, 저기압 등이 없으면 날씨가 좋다. 대류성 구름이 잘 생기고, 일사가 강해지면 적란운으로 발달되어 뇌우를 가져오는 한편, mP와 대치되어 장마를 가져오기도 한다. |
| 양쯔강 기단 | 양쯔강 유역 이남 | cT | 봄, 가을 | 이동성 고기압에 동반되어 중국 대륙 방면으로부터 이동해 오는 기단으로 이 안에서는 따뜻하고 적운계의 구름이 생기지만, 적란운까지 발달되지는 않는다. 비교적 건조하여 날씨가 좋고 늦서리를 일으키기도 한다. |
| 적도 기단 | 남양 | mE | 여름 | 고온다습한 기단으로 태풍 등과 함께 한반도 부근에 흘러 들어와서 호우를 내리게 한다. |

## 기압 氣壓 ■■■■

공기의 압력. 대기도 질량을 가지고 있기 때문에 지구의 중력이 작용하여 지표면을 누르는 힘을 가지고 있다. 보통 hPa(헥토파스칼)을 단위로 사용한다.

1hPa은 1mb(밀리바)와 같으며, 1Pa(파스칼)의 100배이다. 국제단위계(SI)에서는 면적 $1m^2$에 1N의 힘을 받을 때 압력의 단위로 Pa이 사용된다. 그러나 Pa은 크기가 너무 작아 일상에서 이용하기에는 불편하므로 기상학에서는 그 100배인 hPa을 쓰고 있다.

## 기압경도력 氣壓傾度力 ■■

기압 차이에 의해 발생하는 힘.

기압경도력의 방향은 고기압에서 저기압으로 작용하며, 두 지점 간의 거리에 반비례하고 기압차에 비례한다. 따라서 등압선의 간격이 좁을수록 기압경도력이 커지므로 풍속이 세다.

## 기조력 起潮力 ■■

조석 현상을 일으키는 힘.

달이나 태양의 인력에 의해 생긴다. 기조력의 크기는 천체의 질량

| 달에 의한 기조력의 방향 |

에 비례하고, 지구와 천체 간 거리의 세제곱에 반비례한다.

달은 태양에 비해 질량이 작지만 가깝기 때문에 그 크기는 태양에 의한 기조력의 2배에 해당한다. 조석은 달 쪽과 그 반대쪽이 항상 만조이다.

### 깨짐 ■ ■ ■

광물이 일정한 방향성 없이 갈라지는 성질.
흑요석 · 석영 등은 조개껍질 모양으로 갈라
지는 패각상 깨짐이 발달한다.

흑요석

## 나선은하 ■ ■ ■

나선의 팔을 가지고 있는 외부 은하.

중심부에는 구형의 은하핵이 있고 핵에서부터 뻗은 나선팔로 이루어져 있다. 외부 은하의 대부분이 나선은하이다.

정상 나선은하(S)와 은하핵이 가로막대형인 막대 나선은하(SB)로 나눈다. 나선은하는 팔이 감긴 정도에 따라 S0, Sa, Sb, Sc형과 SBa, SBb, SBc형으로 나눈다. 우리 은하나 안드로메다 은하는 정상 나선은하이다.

나선은하

막대 나선은하

## 난류 暖流 ■

유체가 시간적 · 공간적으로 불규칙한 운동을 하며 흐르는 것.

| 대기 중의 난류 |  지표면 부근의 경계층에서 가장 뚜렷하다. 또한 지표면의 각종 지형 지물의 영향을 잘 받을 뿐만 아니라 대기 성층의 안정도에 따라서도 달라진다. 난류의 기본적인 성질로서 특히

중요한 사실은 난류에 의해 질량 · 운동량 · 열 · 수증기 등의 수송 · 교환이 이루어진다는 점이다. 이와 같은 작용이 있기 때문에 순수한 분자 운동에 의한 확산보다 훨씬 큰 비율로 난류 확산이 일어난다. 난류의 대체적인 양상은 굴뚝에서 나오는 연기가 확산해 가는 모양에서 상상할 수 있다. 난류는 항공기의 운항에도 큰 영향을 끼치며 때로는 대참사를 일으키기도 한다.

| 해양에서의 난류 |   주로 해저 부근이나 연안부에서는 층류이지만 그 밖의 곳에서는 난류상태에 있다고 한다. 이 난류에 의해서 운동량이나 수온(水溫) · 염분 등 각 요소가 수평 · 수직 방향으로 혼합되는데, 층류의 경우보다 그 양이 훨씬 큰 것으로 보인다.

## 난정합 難整合 ■

결정을 가진 심성암이나 변성암이 침식된 위에 새로운 지층이 퇴적되면 이를 난정합이라 한다.
난정합은 상층과 하층의 시간적인 격차가 매우 크다.

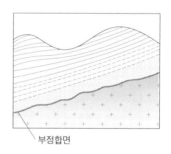

부정합면

## 날짜변경선 ■■

표준시 체계에서 날짜를 변경하기 위해 경도 $180°$ 부근에 편의상 설정한 경계선. 이 선을 경계로 동쪽과 서쪽에서 날짜가 하루 달라진다.
지구 자전에 의한 평균태양시는 지구상의 각 지점마다 차이가

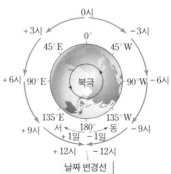

날짜 변경선

생기는데, 그 차이는 경도 15°에 대하여 1시간씩 동쪽으로 갈수록
앞서간다. 즉 동쪽으로 잰 태양시와 서쪽으로 잰 태양시 사이에는
24시간의 차이가 생긴다. 그러므로 날짜변경선을 서쪽에서 동쪽으
로 지날 때는 같은 날짜를 반복하고, 동쪽에서 서쪽으로 지날 때는
하루를 더한다.

## 남중고도 南中高度 ■ ■ ■

천체가 정남쪽에 온 순간의 고도. 위도 $\varphi$인 곳에서 적위가 $\delta$인 천체
의 남중고도 h는 다음과 같다. 단, $\varphi > \delta$ 일 때이다.

$$h = 90 - (\varphi - \delta)$$

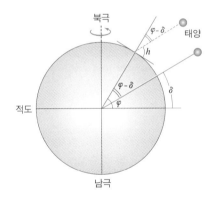

## 너울 swell ■

풍랑이 전파되어 잔잔한 해면이나 해안에 온 경우, 또는 바람이 갑
자기 그친 후 파도의 마루가 둥그스름하고 완만하게 변한 해파.
너울은 진행됨에 따라 파고가 낮아지고 파장과 주기는 길어진다.

## 뇌우 雷雨

천둥과 번개를 동반한 단기간의 강우로 상승기류가 강한 적란운에

서 발생한다.

**뇌운** 雷雲 ■

뇌우를 동반하는 구름이다. 뇌운은 지름 5~10km의 여러 개 뇌우
세포로 구성되며 상승기류와 하강기류를 동반한다. 세포의 수명은
30분에서 3시간이고, 발생기에는 상승 속도가 느리지만 최성기에
는 30m/s의 상승 속도를 가진다.

우리 나라에서는 계절적으로 보아 여름철에 가장 많으며, 오후
2~3시에 가장 강하다.

## 다색성 多色性 ■ ■

광물의 결정 속을 편광이 투과할 때 빛의 진동 방향에 따라 색이 변하는 성질. 결정축의 방향에 따라 빛의 흡수량이 다르기 때문에 나타나는 현상으로, 흑운모는 다색성이 뚜렷하다.

편광현미경을 통해 흑운모를 밑면에 평행한 방향으로 진동하는 빛으로 보면 갈색으로 보이고, 그것과 직각 방향으로 진동하는 빛으로 보면 담황색으로 보인다.

## 다이너모 이론 dynamo theory ■

지구가 자기장을 가지게 되는 원인을 다이너모(발전기)로써 설명하는 이론이다.

다이너모는 강한 자기장 속에서 코일을 회전시켜 전자기 유도에 의해 코일 안에 발생된 기전력을 전류로서 유도해 내는 장치이다. 이로써 역학적인 에너지를 전기적인 에너지로 변환시키는 기계, 즉 모터를 통칭하여 '다이너모'라 한다.

지구의 외핵은 전기 전도도가 큰 철과 니켈로 구성된 유체이다. 그러므로 핵 내의 유체 운동에 의해 외핵물질이 이동하면 외부 자기장의 영향을 받아 유도전류를 형성시키고, 이 유도전류는 자기장을 만든다는 이론이다.

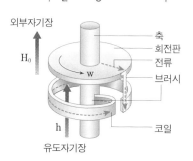

| 블러드형 다이너모 |

외핵의 유동 방향과 위치가 변함으로써 지구자기장의 영년 변화를
설명할 수 있다.

## 다짐 작용 ■ ■

퇴적물이 매몰되는 과정에서 위에 누적하는 퇴적물의 무게에 의해
구성입자 간의 공극이 줄어들고 전체 부피는 감소되며, 동시에 탈
수가 일어나 단단해지는 작용이다. 퇴적물은 다짐 작용과 교결 작
용을 통해 퇴적암이 된다.

## 단열 변화 斷熱變化 ■ ■ ■

물질이 외부와 열을 주고받음 없이 부피가 줄거나 늘어나는 현상.
부피가 줄어들 때를 단열압축, 부피가 늘어날 때를 단열팽창이라고
한다. 공기 덩어리가 상승하여 단열팽창하면 기온이 낮아지고, 하
강하여 단열압축이 일어나면 기온이 높아진다.

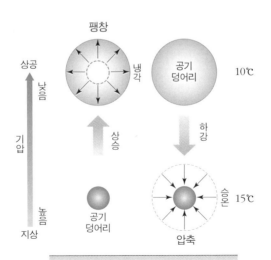

## 단층 斷層 ■ ■ ■

암석이나 지층이 서로 수평 또는 수직 방향으로 어긋나 있는 구조. 단층면 양쪽의 암석은 부서져서 각력이나 단층 점토를 이루게 된다. 단층면을 따라 석영이나 방해석 외에 유용광물을 포함하는 광맥이 생기거나 마찰압력 등에 의해서 견운모와 같은 새로운 광물이 생겨 거울과 같이 매끄러운 면이 형성되는 경우가 있다. 이것을 '단층마찰면'이라고 한다.

단층은 단층마찰면을 기준으로 상반과 하반의 상대적인 이동 방향에 따라 정단층, 역단층, 주향이동단층으로 구분한다.

## 달 moon ■ ■ ■

지구 주위를 돌고 있는 유일한 자연위성이며, 지구에서 가장 가까운 천체이다. 지구로부터의 거리는 평균 38만 4,400km로, 지구에서 태양까지 거리의 1/400이다. 달의 반지름은 지구의 약 1/4,
태양의 약 1/400인 1,738km(적도반지름)이다. 지구에서 본 달의 시지름(지구에서 본 전체의 겉보기지름)은 약 $0.5°$이고, 달의 질량은 지구의 1/80이다. 달은 스스로 빛을 내지 않고 태양빛을 반사해서 보이므로 지구와 달의 위치 관계에 따라 위상 변화가 일어난다. 달 표면에는 크레이터(crater : 표면에 널려 있는 크고 작은 구덩이)라는 수많은 분화구 모양의 지형과 울퉁불퉁한 산악 지형을 볼 수 있다. 태양이 비치고 있는 달 표면의 온도는 130℃ 이상이지만 해가 진 후에는 −150℃ 이하까지 떨어진다.

### 대기 경계층 大氣境界層 ■

대기권에서 기류가 지면의 영향을 직접 받는 층.

지상 600~800m의 범위로 지면에 가까울수록 지면과의 마찰로 기류의 속도가 느려지고 난류가 생긴다. 이와 같이 지표의 영향을 받는 대기층을 대기 경계층이라고 한다.

### 대기권 大氣圈 ■ ■ ■

지구를 둘러싸고 있는 대기.

대기권에서 기압과 밀도는 높이에 따라 급격히 감소하여 전체 대기 질량의 약 99%는 높이 32km 지점의 아래 기층에 밀집되어 있다. 높이에 따른 온도 분포에 따라 대류권, 성층권, 중간권, 열권으로 구분한다.

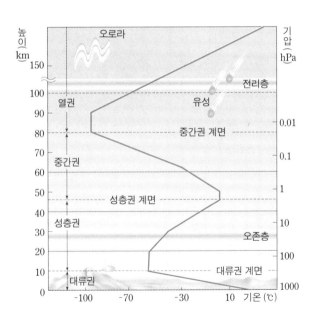

## 대기대순환 大氣大循環 ■ ■ ■

지구 규모로 일어나는 대기의 순환.

대기대순환은 3개의 연직순환계의 풍계로 이루어진다. 기온이 높은 적도에서 상승기류가 발달하여 극 지방으로 이동하게 되므로 적도 지방은 저압대가 형성되고, 상승한 공기가 북으로 이동하여 위도 30° 부근에 도달했을 때는 하강기류를 형성하여 고압대를 형성한다. 하강한 공기는 각각 무역풍과 편서풍을 이루어 이동하고 위도 60° 부근에서는 극 지방의 찬 공기와 만나 한대전선대를 형성한다. 결국 대기대순환은 열대세포·중위도세포·극세포 등 3개의 순환 세포를 가지고 있다. 열대세포와 극세포는 더운 공기의 상승과 찬 공기의 하강에 의해 생기는 열대류이고, 중위도세포는 두 개의 직접 순환에 의해 생기는 순환으로 찬 공기가 상승하고 더운 공기가 하강하는 간접 순환이다. 따라서 열대류에 의한 직접 순환은 위치 에너지가 에너지를 만들지만 중위도의 간접 순환은 에너지 소모에 의해 유지된다.

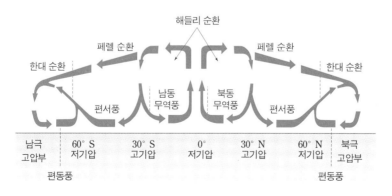

### 대류권 對流圈 ■ ■ ■

대기권 중 지표에 접한 부분으로 대류가 일어나는 층.

적도 부근에서는 지표로부터 대략 16~18km, 북위 50°에서는 10~12km, 극 부근에서는 6~8km이다. 고도가 높아질수록 기온이 낮아지며, 그 비율은 1km에 대하여 6.5℃이다.

대류에 의해 단열압축 · 단열팽창하며 강수구름 등 대부분의 일기 현상이 일어난다.

### 대류층 ■

태양 또는 별의 내부 구조에서 대류가 일어나는 층. 단위깊이에 따른 온도 증가율이 매우 커서 큰 압력에도 불구하고 대류가 일어난다.

태양의 경우 대류층에 의해 쌀알무늬가 나타난다.

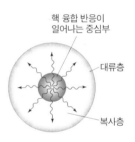

### 대륙대 大陸臺 ■ ■

해저의 대륙사면이 끝나는 곳, 즉 대륙사면의 기슭에 해당하는 곳으로 경사는 1.2° 미만이고 지형의 기복도 심하지 않다.

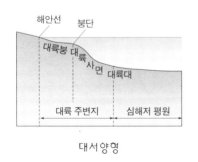

대서양형

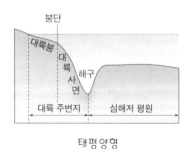

태평양형

수심은 3,000~4,000m 정도이다. 태평양에서는 발달하지 않고, 대서양과 인도양에서 잘 발달되어 있다.

## 대륙붕 大陸棚 ■■■

대륙 주변의 수심 약 200m까지의 경사가 완만한 해저.

그 경사는 평균 6′ 정도이며 대륙사면으로 이어져 있다. 대륙붕은 전 해양의 7.6%, 전 육지의 약 18%에 해당하고, 천연가스나 석유가 매장되어 있는 경우가 많다.

## 대륙사면 大陸斜面 ■■

대륙붕의 끝에서 경사가 급해지는 부분으로, 그 경사는 약 4°이고 수심은 200m에서 2,000m 정도이다. 일반적으로 대륙사면의 경사는 육상에서 볼 수 있는 고지대와 저지대 사이의 경사면보다 더 가파르다.

대륙사면에는 해저 협곡(submarine valley)이 발달하고, 이 해저 협곡을 통해 대륙붕에 쌓였던 진흙 · 모래 · 자갈 등의 물질이 대양저로 운반된다. 해저 협곡은 보통 V자 모양이고 강이나 사막이 해양과 만나는 곳의 외해 부분에 많이 존재한다. 해저 협곡이 대양저와 만나는 부분을 대륙대(continental rise)라 하며, 이곳에 해저 협곡을 통해 운반된 퇴적물이 쌓이게 된다.

## 대륙이동설 大陸移動說 ■■■

1912년 베게너가 주장한 학설로 대륙이 이동한다는 이론.

고생대 말까지는 지구상에 하나의 거대한 원시대륙 판게아(Pangaea)가 존재했으나, 그 후 이 대륙이 분리 · 이동하여 현재의 위치에 도달했다는 이론이다. 베게너는 그 증거로 남아메리카와 아프리카 대륙 해안선의 일치, 지리상 멀리 떨어져 있는 대륙에 분포하고 있는 동물군이나 식물군이 서로 일치하거나 유사한 점, 과거 지질시대의 기후를 반영하는 특수한 지층이 그 당시의 위도를 따라 연속적으로 분포한다는 점 등을 들었다. 그러나 대륙 이동의 원동력을 설명하지 못하여 퇴색되었다가 고지구자기의 연구, 해저 지형의 탐사 등으로 인정받게 되었다.

## 대리암 大理岩 ■ ■

비결정질 석회암이 변성 작용으로 재결정된 암석이며, 대리석이라고도 한다.
대리암은 색과 무늬가 아름답고 결이 고와 연마하면 아름다운 광택이 있어 장식용 건축 석재로 사용한다.

## 대비 對比 ■ ■

지층은 일반적으로 한 지역에서는 짧은 시간 동안에 시간적으로 연속성을 보이지만, 이 때도 조금 멀리 떨어진 지역과는 연속성이 잘 일치하지 않는다. 따라서 이 경우에는 서로간의 동시성을 인정할 수 있는 퇴적물 조성의 특징을 살피거나, 광범위하게 분포된 공통의 지층을 찾아서 이를 기준으로 멀리 떨어져 있는 지층 간에 연속성을 확인해야 한다. 이와 같이 거리상 서로 떨어져 있는 지층 간의 연속성을 확인하는 일을 대비라고 한다.

## 대폭발우주론 大爆發宇宙論 ■ ■ ■

우주는 무의 상태에서 대폭발로 태어났다는 우주론으로, 빅뱅론(big bang theory)이라고도 한다. 1920년대 A. 프리드만과 A. G. 르메트르가 제안하였고, 1940년대 G. 가모에 의해 현재의 대폭발

론으로 체계화되었다.

갓 태어난 소립자 정도의 작은 우주는 인플레이션이라 불리는 급격한 팽창을 일으키고 거대한 우주가 되었다. 그리고 인플레이션의 종료와 더불어 우주는 대폭발을 일으켜 팽창하게 되었다. 우주의 팽창과 함께 온도가 내려가고, 인플레이션중

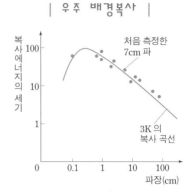

| 우주 배경복사 |

에 생긴 물질 밀도의 요동은 차츰 성장하여 은하와 별로 성장하였다. 우주의 팽창에 따라 냉각된 우주 온도는 현재 3K이며, 절대온도 3K인 우주 배경전파와 허블 법칙이 관측에 의해 확인되었다.

1965년 팬지아스와 윌슨은 은하수에서 방출되는 전파를 연구하던 중 모든 방향에서 7.35cm 파장의 전파를 감지하였다. 그리고 이것은 우주 대폭발에 의해 생긴 우주 배경복사라는 사실을 알게 되었다. 그 후 그래프에서 보듯이 여러 파장의 관측으로 이 복사가 2.7K의 온도를 가진 흑체에서 나오는 복사와 일치한다는 사실이 밝혀졌으며, 이 복사는 우주 탄생 초기에 고온의 복사로 채워졌던 것이 폭발하여 팽창하면서 현재의 온도까지 식은 것으로 설명되고 있다.

허블의 법칙이나 우주 배경복사의 관측은 우주는 모든 방향으로 균질하다는 것과 대폭발우주론을 지지해 주는 관측적인 증거들이다.

데본기 Devonian period ■

고생대를 여섯 시기로 나누었을 때 네 번째에 해당하는 시기.
식물계에는 고사리가 번성하였고 동물계에는 어류가 크게 번성하였

으며, 이 시대의 후기에는 양서류가 최초로 출현하였다. 공기 중에서도 살 수 있는 어류의 일종인 폐어가 양서류로 진화한 것으로 생각된다.

### 돌리네 doline ■

석회암 지역에서 볼 수 있는 오목한 함몰지.

석회동굴이 무너져 내려 형성된 것으로 크기는 지름 1m 내외에서 100m에 이르는 등 다양하다. 돌리네가 발달한 지형을 카르스트 지형(Karst topography)이라고 한다.

### 동결 작용 凍結作用 ■■

암석 틈으로 빗물이나 지하수가 스며든 상태에서 기온의 변화로 물이 동결과 용해를 반복하면 암석의 부피가 팽창과 수축을 번갈아 하면서 결국 부서지게 된다. 이러한 현상이 바로 동결 작용이다.

암석의 틈이나 균열을 채우고 있는 물이 겉에서부터 얼어 들어가면 속의 물은 밀폐된 상태에 놓이게 되는데, 이것이 얼 때의 부피 증가는 암석을 쪼갤 수 있는 큰 압력으로 나타난다. 절벽 아래를 보면 암석 파편들이 많이 떨어져 있는데, 이것은 동결 작용으로 쪼개져서 떨어진 것이다.

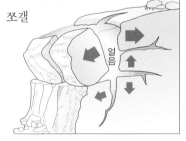

### 동물군 천이의 법칙 ■■■■

모든 지층은 그 생성시기에 따라서 포함되는 화석의 종류가 다르다는 것이 밝혀졌는데, 이를 역으로 이용하여 멀리 떨어진 지역 간의 지층에서 같은 종류의 화석이 산출되면 서로 같은 시기에 생성된 지층이라는 법칙이다.

이 법칙은 19세기 초 G. 퀴비에와 A. 브롱냐르의 파리 분지에 있어서의 층서(層序), W. 스미스의 영국에 있어서의 층서의 확립을 통해서 인정되었다. 이 법칙은 지질시대 구분의 기초이고, 식물 화석인 경우는 '식물군 천이의 법칙'이라고 한다.

## 동안 기후 東岸氣候 ■

큰 대륙의 동쪽 해안에 위치한 온대 지방에서 뚜렷하게 나타나는 기후형이다. 여름에는 해양성 고기압의 영향으로 남풍계가 탁월하고 겨울에는 대륙성 고기압의 영향으로 북서풍계가 뚜렷하기 때문에 기온의 연교차가 매우 크다. 그러므로 같은 위도상의 서안보다 겨울은 춥고 여름은 덥다.

## 동일과정설 洞—過程說 ■ ■ ■

현재 지구상에서 일어나고 있는 지각의 변화는 과거의 지질시대를 통해 현재와 똑같은 과정과 속도로 일어났다고 하는 이론이다.

동일과정설은 '현재는 과거의 열쇠'라고 말한 지질학자 J. 허턴에 의해 제창되었다.

## 동지점 冬至點 ■

동짓날 천구상에서 태양의 위치. 천구의 적도에서 남쪽으로 가장 멀리 떨어진 황도상의 지점이다. 춘분점과 추분점을 이은 선에 대하여 90° 떨어진 두 점 중 태양이 천구의

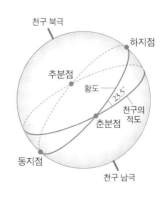

북극에 가장 가까워지는 점을 하지점이라 하고, 태양이 천구의 남극에 가장 가까워지는 점을 동지점이라 한다.

## 동질이상 ■ ■

성질은 같고 모양이 다르다는 뜻으로, 화학조성이 같은 물질이지만 다른 결정 구조를 갖는 것을 말한다. 예를 들면, 방해석($CaCO_3$ : 육방정계)과 아라고나이트($CaCO_3$ : 사방정계), 다이아몬드(C : 등축정계)와 흑연(C : 육방정계) 등이 있다.

## 라디오존데 radiosonde ■

상층 대기의 온도를 측정할 때 수소나 헬륨으로 채워진 풍선에 특
정 장비를 실어서 고층의 기상을 탐측하는 장비.

라디오존데를 이용하여 대기의 온도·기압·상대습도 등을 측정한
다. 라디오존데는 약 30km 높이까지의 대기 상태를 측정하여 지상
으로 송신하며, 풍선이 터지면 낙하산에 매달려 지상으로 내려온
다. 일반적으로 존데라 함은 항공기·자유기구·연 또는 낙하산에
통상 장치하는 기상원조 업무용 자동송신설비를 말한다.

## 라우에 Laue, Max Theodor Felix von ■ ■

독일의 물리학자로 코블렌츠 근교에서 출생하였다. 초기에는 복사
의 열역학과 진공관에 대해 연구했으나, 1907년경에는 엔트로피
개념의 광학 이론과 아인슈타인의 상대성 이론 연구에 열중하였다.
주요 업적으로는 결정에 의한 X선 회절의 연구가 있다. X선의 전자
기파로서의 성질을 확립함과 동시에 결정해석학을 개척했으며, 이
연구로 1914년 노벨물리학상을 수상하였다. 말년에는 X선 흡수, X
선 분광학에 관한 많은 연구를 하였다.

## 라우에 반점 Laue spot ■ ■ ■

X선을 결정에 투사하여 얻어진 무늬.

X선관에서 나오는 연속 X선의 빔을 얇은 결정 조각에 투사시키면
그 조각의 수cm 뒤에 놓인 사진건판에 회절 무늬가 기록된다. 이

때 사진건판에 대칭적으로 분포된 한 무리의 무늬가 나타나는데, 이것을 라우에 반점 또는 라우에 점무늬라 한다.

라우에 반점은 결정 내에서의 원자 간 거리가 X선의 파장과 같을 정도로 매우 가깝기 때문에 결정을 이루는 원자들의 틈이 X선에 대한 회절발 구실을 하여 생기는 간섭 현상이다. 그러므로 원자 배열에 따라 회절 무늬가 달라진다.

영국의 물리학자 브래그 부자는 이 X선 결정에 의한 간섭 조건을 밝히고, X선 분광기를 고안하여 X선에 의한 결정 구조를 해석하는 기초를 마련하였다. 이와 같은 방법으로 금속을 비롯한 많은 물질의 내부 구조에 대해 귀중한 지식을 얻게 되었다.

| X선 분광장치와 라우에 점무늬 |

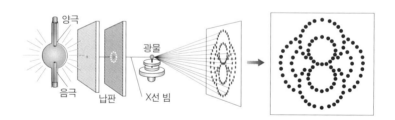

**러브파 Love wave** ■

1911년경 A. E. H. 러브에 의해 처음 이론적으로 유도되었으며, 지진파 중 표면파의 일종이다.

전파 속도는 약 3km/s이고, 지표면의 입자는 지진파의 진행 방향에 직각인 수평면 내에서 좌우로 진동한다. 이러한 좌우 진동은 건물에 막대한 구조적 피해를 입힌다.

| 지진파의 진행 방향과 입자의 운동 |

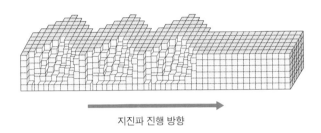

지진파 진행 방향

## 레일리파 Rayleigh wave ■ ■

1885년 J. 레일리가 처음 이론적으로 유도했으며, 지진파 중 표면파의 일종이다.

지진파가 전파될 때 지표면의 입자는 지진파의 진행 방향을 포함하는 지표면에 수직인 평면 내에서 타원을 그리며 운동한다. 물에서의 수면파와 유사하다.

지진으로부터 생긴 레일리파의 진폭을 여러 곳에서 관측함으로써 지진 발생 원인을 알아낼 수도 있다. 일반적으로 레일리파의 속도는 러브파보다 느리기 때문에 러브파가 관측소에 도착한 뒤에 도착하게 된다.

| 지진파의 진행 방향과 입자의 운동 |

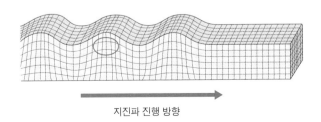

지진파 진행 방향

### 로라시아 대륙 Laurasia land ■ ■ ■

현재의 유럽과 아시아 대륙에 해당하는 고대륙.

고생대 전기에 분리되어 있던 대륙들은 데본기부터 서서히 접근하
면서 페름기에는 남반구의 곤드와나(Gondwana) 대륙과 북반구의
로라시아 대륙이 충돌하여 거대한 초대륙인 판게아(Pangaea)를 형
성하였다. 판게아 대륙은 중생대 초기 이후 다시 분리되어 현재와
같은 모습을 갖추게 된다.

▶ 남반구에는 곤드와나 대륙, 북
반구에는 로라시아 대륙으로
나누어졌다. 이 대륙들 사이에
는 현재의 인도차이나, 히말라
야 산맥, 현 지중해를 연결한
고 지중해인 테티스(Tethys)
라는 바다가 있었다.

### 로스뷔파 Rossby wave ■

제트류의 축에서 발달하여 차가운 극 지방의 공기와 따뜻한 열대
지방의 공기를 분리해 주는 역할을 하는 커다란 대칭적인 진동파.

편서풍대 상층에 발달하는 편서풍 파동의 진폭과 주기는 로스뷔파
의 파동으로 설명된다. 이 진동파를 최초로 발견하고 이들의 운동
을 설명한 C. A. 로스뷔의 이름을 따서 명명되었다.

열은 일반적으로 기온이 높은 저위도에서 기온이 낮은 고위도로 공
기의 흐름에 수반되어 이동한다. 적도 지방의 공기는 열을 극 쪽으
로 수송하며 극 지방의 공기는 열대 지방으로부터 열을 받아들여
다시 적도 쪽으로 이동하게 된다. 이러한 두 공기의 흐름이 만나는
곳에서 로스뷔파가 형성되면, 하나의 루프 내에 들어 있던 온난기

단과 한랭기단은 서로 분리되어 각각 절리저기압과 절리고기압을 형성하게 되고, 이들은 중위도 지방의 기후를 지배한다.

로스뷔는 이러한 파동 현상을 알아내어 나선 흐름으로 생성 원인을 설명하였다. 이에 의하면 지구가 자전하고 있다는 것과 자전의 연직성분이 위도에 따라 다르기 때문에 나선 흐름이 형성되는 것으로 설명되고 있다.

## 리만〔來滿〕 해류 ■

오호츠크해 부근 아무르 하구 근처의 해류로, 대륙의 한랭한 계절풍과 해빙의 영향을 받아 수온과 염분이 낮은 해류이다. 연해주를 따라 남하하며 북한 해역에 이르러 북한 한류에 이어진다.

## 리아스식 해안 rias coast ■ ■

해안선의 굴곡이 심한 해안.

침식받은 산지가 조륙 운동으로 침강하여 형성된다. 우리 나라에서는 남서해안이 리아스식 해안에 속한다.

## 마그마 magma ■ ■ ■

지하의 암석물질이 고온으로 인해 용융상태에 있는 것.

마그마는 암편과 휘발성 물질을 함유한 고온의 유동성 물질로, 마그마의 점성은 온도 · 휘발성 성분의 양에 따라 차이가 난다. 또한 용융이 일어나는 장소와 암석의 화학조성에 따라 그 성질이 달라진다. 마그마는 일반적으로 현무암질 마그마와 화강암질 마그마, 안산암질 마그마로 분류한다.

| 현무암질 마그마 |  상부 맨틀의 부분용융으로 생성되며 점성이 작은 고온의 규산염 용융체이다.

| 화강암질 마그마 |  하부 지각이 부분용융된 마그마로, 다소 낮은 온도에서 생성되며 점성이 크다. 유문암질 마그마라고도 한다.

| 안산암질 마그마 |  베니오프대 지역에서 생성되며 현무암질 마그마와 화강암질 마그마의 중간적인 성격을 띤다.

이들 마그마가 관입하거나 지표로 분출되어 식어 굳어진 암석이 화성암이다. 마그마의 물리적 성질(온도 · 점성)과 화학조성에 따라 서로 다른 종류의 화성암이 생성된다.

## 마그마 결정 작용 ■

마그마는 여러 가지 종류의 광물이 용융되어 있으므로, 마그마가 냉각되기 시작하면 이들 광물 중 용융점이 높은 광물부터 차례로 정출된다. 미국의 암석학자 보엔은 1922년 마그마로부터 화성암이 생성될 때의 조암광물의 정출에 관한 반응 계열을 수립하여 화성암

의 다양성을 설명하였다. 불연속 계열과 연속 계열로 나뉘어 결정
작용이 진행된다고 하였다.

| 마그마 분화 계열 |

| 온 도 | 불연속 반응 계열 | 연속 반응 계열 |
|---|---|---|
| 높다 | 감람석<br>↘<br>휘석<br>↘<br>각섬석<br>↘<br>흑운모<br>↘ | Ca 사장석<br>↘<br>중간 사장석<br>↓<br>Na-Ca 사장석<br>↓<br>Na 사장석 |
| ↕ | 정장석 ←<br>↓<br>백운모<br>↓<br>석 영 | |
| 낮다 | | |

### 만유인력 萬有引力 ■ ■ ■

질량을 갖는 모든 물체 사이에 작용하는 인력.

뉴턴의 이론에 따르면 두 물체 사이에 작용하는 만유인력의 크기는
물체의 질량에 비례하고 거리의 제곱에 반비례한다.

### 맥동변광성 脈動變光星 ■

변광성 중 하나로, 별의 크기가 팽창과 수축을 되풀이하면서 밝기
가 변하는 별을 말한다.

변광주기가 1일 이하인 거문고자리 RR형 변광성, 수 일에서 100
일 이내의 주기를 갖는 세페이드변광성, 100일 이상의 주기를 보이
는 장주기 변광성이 있다.

### 맨틀 Mantle ■ ■ ■

지구 내부를 지진파의 속도 분포에 따라 탐사한 결과, 층상 구조로 구분할 때 고체상태이며, 석질 운석의 연구로 지각보다 밀도가 큰 마그네슘과 철을 함유한 감람암으로 구성되어 있음이 알려졌다. 지하 2,900km까지를 말한다.

### 맨틀대류설 convection current theory ■ ■ ■

1928년 A. 홈스는 맨틀 내의 방사성 원소의 붕괴열과 고온의 지구

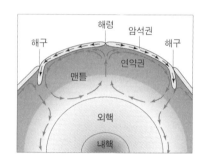

중심부에서 맨틀로 올라오는 열 때문에 맨틀 상하부에 온도차가 생기고, 그 결과 매우 느리게 열 대류가 일어난다는 맨틀대류설을 주장하였다. 맨틀 대류의 상 층부가 중앙 해령에, 침강부가 해구에 해당한다.

### 면각 面角 ■ ■ ■

면각이란 서로 접하고 있는 어느 두 면에서 내린 수선이 이루는 각($\theta$)을 말한다. 그림에서 $\theta$는 $\theta'$ 와 같으므로 면각은 접촉측각기나 반사측각기를 이용해 $\theta'$ 를 측정하여 알아낸다.

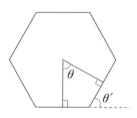

### 면각 일정의 법칙 ■ ■

서로 크기가 다른 광물이라 해도 같은 종류라면 서로 대응하는 면각이 같다는 법칙이다.

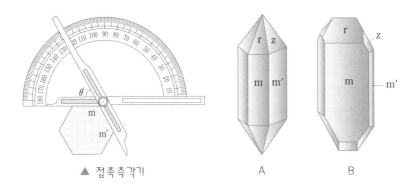

▲ 접촉측각기      A      B

그림에서와 같이 A 광물의 r과 z가 이루는 면각의 크기는 B 광물의 r과 z가 이루는 면각의 크기와 같다. 또 A 광물의 m과 m′가 이루는 면각은 B 광물의 m과 m′가 이루는 면각의 크기와 같다.

이처럼 같은 종류의 광물이라면 외형은 달라도 내부의 결정형이 같으므로 대응하는 면각의 크기는 같다.

## 명왕성 冥王星, Pluto ■ ■ ■

태양으로부터의 평균거리는 39.52AU(천문단위) 또는 약 59억km 떨어진 태양계의 가장 바깥쪽 행성.

근일점일 때는 해왕성의 궤도 안쪽에까지 이른다. 평균밝기는 15등급으로 지름 50cm 이상의 망원경을 사용해야만 보인다. 적도반지름은 약 1,150km(지구의 0.18배)이고, 질량은 지구의 0.0022배로 태양계의 행성 중 가장 작다. 평균밀도는 지구 밀도의 1/3 정도, 공전주기는 248.54년이며, 자전주기는 6일 9시간 17분이다.

지름 약 1,000km인 위성 카론이 발견되었다.

천왕성과 해왕성이 처음에 계산된 궤도대로 운동하지 않았기 때문에 그 바깥쪽에 미지의 행성이 있다는 것은 오래 전부터 예측되고 있었다. P. 로웰, W. H. 피커링, A. 가이오 등이 천왕성과 해왕성 궤도 운동의 불규칙성을 발견하고, 이것을 기초로 미지의 행성 위치를 계산하여 1905년부터 탐색하기 시작했다. 그 후 1930년 1월 미국 로웰 천문대의 C. 톰보가 사진 관측으로 처음 발견하였다.

### 모질물 ■

토양의 단면 구조에서 암반이 수십 년간 풍화되어 이루어진 흙으로, 기반암의 윗부분에 해당한다.

모질물은 기반암이 풍화된 돌조각과 모래로 구성되어 있어 유기물이나 양분이 거의 없기 때문에 식물이 자라지 못한다.

### 목성 木星, Jupiter ■ ■ ■

태양으로부터 다섯 번째 행성으로, 태양계에서 가장 큰 행성이다. 태양으로부터의 평균거리(궤도 긴반지름)는 5.20AU로 7억 7,833만km이고, 궤도의 이심률은 0.0483이며, 황도 경사각은 1.31°이다. 공전주기는 11.862년, 회합주기 398.88일이다. 크기는 적도반지름이 7만1,400km로 지구의 약 11배이고, 부피는 지구의 1,320배가 된다. 질량은 지구의 약 317.9배이다.

수소가 전체 질량의 약 75%, 헬륨이 약 24 %, 기타 원소가 1% 이하로 태양의 화학조성비와 비슷하다. 표면에는 적도와 평행한 여러 개의 백·청·적·황색의 띠가 보이는데, 비교적 안정된 상태를 유지하는 남반구의 대적점을 제외하고는 그 모양이 빠르게 변한다. 파이어니어·보이저 우주선이 근접탐사를 실시하고 수많은 사진 자료를 보내왔다. 특히 보이저 우주선은 목성에도 토성과 마찬가지로 가는 고리가 있음을 발견하고 자기장이 매우 강하다는 사실을 확인하였다. 목성의 위성은 현재까지 16개가 발견되었다.

## 목성형 행성 ■ ■ ■

태양계의 행성 중 목성·토성·천왕성·해왕성과 같이 주로 수소와 헬륨으로 이루어진 행성.

목성형 행성은 수소형 행성이라고도 한다. 이와는 달리 지구와 비슷한 물리적 성질을 갖는 행성을 지구형 행성이라고 하며, 수성·금성·화성이 이에 속한다. 목성형 행성들은 반지름이 지구의 반지름보다 훨씬 커서 수만km에 이르고, 평균밀도는 1에 가깝다. 두꺼운 대기층을 가지며 그 상층부는 주로 메탄·암모니아 구름으로 덮여 있다. 자전 속도가 빠르고 편평도가 크다. 지구형 행성과 목성형 행성을 비교하면 다음 표와 같다.

| 종류＼성질 | 질량 | 밀도 | 자전주기 | 편평도 | 위성수 | 대기 성분 | 주성분 | 대기두께 |
|---|---|---|---|---|---|---|---|---|
| 지구형 행성 | 작다 | 크다 | 길다 (24시간 이상) | 작다 | 적다 | $CO_2$, $N_2$, $O_2$ 무거운 기체 | Fe, Ni, Si | 얇다 |
| 목성형 행성 | 크다 | 작다 | 짧다 (10시간 이내) | 크다 | 많다 | $H_2$, He, $NH_3$ 가벼운 기체 | H, He | 두껍다 |

## 몰드 mold와 캐스트 cast ■ ■

지층 속에 있는 화석이 지하수에 의한 용해로 완전히 제거되어 원래 화석의 외형과 똑같은 형태가 남는 것을 몰드라고 한다.

지하수에 녹아 있던 광물질이 몰드에 채워져 굳어지면 화석의 원형이 복원되는데 이를 캐스트라 한다.

| 몰 드 와  캐 스 트 의  형 성  과 정 |

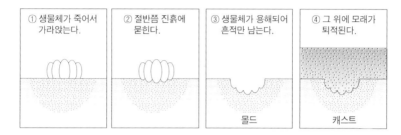

미끄러짐 경계 ■ ■

주로 변환단층이 발달한 지역이며, 판의 생성이나 소멸 없이 서로 엇갈려서 미끄러지는 경계이다. 천발 지진이 빈번히 일어난다.

▶그림 참조 → 변환단층

밀도류 密度流 ■

해수의 수온과 염분의 변화에 따라 밀도차가 생기게 되면 발생하는 해류.

주로 해수의 연직 순환을 일으키고 심층류의 대부분이 밀도류이다.

해수의 밀도는 염분이 높을수록 수온이 낮을수록 커진다.

밀물 flood tide ■ ■

간조에서 만조로 수위가 높아지면서 밀려드는 해수의 이동.

밀물이 일어나는 시각은 해안의 모양 · 지형 등에 따라 다양하게 나타난다.

## 바르한 Barchan ■

바람에 의한 침식과 퇴적 작용으로 형성된 모래언덕을 사구라 하는
데, 반달 모양의 사구를 바르한이라 한다.

바르한은 일반적으로 바람에 의해 형성되며 바람받이 쪽은 완경사,
바람의 그늘 쪽은 급경사를 이룬다.

## 박리 작용 剝離作用 ■■

기계적 풍화 작용의 한 가지로,
암석이 양파 껍질처럼 한 겹씩
벗겨지는 현상이다. 지하에서 형
성된 암석이 지표에 노출되면 압
력이 작아지므로 팽창하게 되고
이에 따라 갈라져 생긴다.

## 반감기 半減期 ■■■

어떤 특정 방사성 원소의 원
자 수가 방사성 붕괴에 의해
서 원래 수의 반으로 줄어드
는 데 소요되는 시간.

반감기는 원래의 수에 관계
없이 원소에 따라 고유한 값
을 지니며, 주위의 물리적 ·

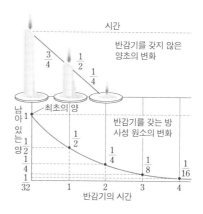

화학적 조건에 전혀 영향받지 않는다.

| 주 요 원 소 의 반 감 기 |

| 방사성 원소 | 붕괴 후 생성 원소 | 반 감 기 | 원소를 포함한 광물 |
|---|---|---|---|
| 우라늄 $^{238}U$ | 납 $^{206}Pb$ | 약 45억 년 | 저어콘 · 우라니나이트 |
| 토 륨 $^{232}Th$ | 납 $^{208}Pb$ | 약 140억 년 | 저어콘 · 우라니나이트 |
| 루비듐 $^{87}Rb$ | 스트론튬 $^{87}Sr$ | 약 470억 년 | 백운모 · 흑운모 · 사장석 |
| 칼 륨 $^{40}K$ | 아르곤 $^{40}Ar$ | 약 13.5억 년 | 백운모 · 흑운모 · 정장석 |
| 탄 소 $^{14}C$ | 질소 $^{14}N$ | 약 5,700년 | 생물체 |

### 반사성운 反射星雲 ■■■

스스로 빛을 내지는 않지만 주위에 있는 밝은 별빛을 반사함으로써
푸르게 보이는 먼지와 가스로 이루어진 성운.

성운물질이 푸른색 파장의 빛을 잘 반사하므로 푸르게 보이는 경우
가 많다.

### 반사율 反射率 ■■

입사한 에너지에 대한 반사된 에너지의 비로, 알베도라고도 한다.
물질의 종류와 표면의 상태에 따라 다르다. 금성이 60%, 지구는
30% 정도이고, 대기로 싸여 있는 행성일수록 반사율이 크다.

### 반사측각기 反射測角器 ■

광물의 결정면에 빛을 비추고 반사시켜서 결정면이 이루는 각, 즉
면각을 측정하는 장치.

한 개의 눈금이 새겨진 회전 원판과 측각기로 구성되어 있다. 반사
측각기는 주로 매우 작은 광물의 면각을 측정할 때 사용되며, 비교

적 큰 광물은 접촉측각기로 측정한다.

## 반상 조직 斑狀組織 ■ ■

화성암의 조직이 큰 결정들과 그 결정들 사이를 메우는 작은 결정
또는 유리질로 되어 있는 경우이다. 반점으로 들어 있는 큰 결정을
반정, 반정 사이의 미정질 바탕을 석기라 한다.

## 반심성암 半深成岩 ■ ■

마그마가 지표의 비교적 얕은 곳에서 냉각 · 고결한 화성암.
심성암과 화산암의 중간적 성질, 즉 완정질 · 반상 조직을 가진다.
일반적으로 암맥이나 암상을 이루고 있으며 휘록암 · 석영반암 등이
이에 속한다.

## 발광성운 發光星雲 ■ ■ ■

은하를 이루는 별과 별 사이에는 아주 희박하지만 가스와 티끌들이
있는데, 이를 성간물질이라고 한다.
발광성운은 중심부나 주변에 있는 고온의 별로부터 에너지를 받아
기체나 티끌들이 가열되어 스스로 빛을 내는 성운이다. 오리온 성
운이 대표적인 예이다.

## 발산 경계 發散境界 ■ ■ ■

판이 서로 멀어지는 방향으로 이동하는 경계로 맨틀 대류의 상승류
가 있는 곳이며, 해령이 형성된다. 발산 경계에서는 천발 지진과 현
무암질 마그마의 분출로 인해 새로운 판이 생성된다.
▶그림 참조 → 변환단층

### 방위각 方位角 ■ ■

지평좌표계에서 천체의 위치를 나타내는 좌표값으로, 방위를 각도로 나타낸 값이다. 관측지점에서 볼 때 물체와 천정을 지나는 대원의 면이 자오선면과 이루는 각이다. 북점을 기준으로 수평선상을 동쪽으로 돌아가며 재고, $0° \sim 360°$로 나타낸다.

### 방추충 紡錘蟲 ■ ■

고생대 후기 석탄기 · 페름기의 따뜻하고 얕은 바다에서 크게 번성한 유공충으로, 푸줄리나라고도 한다. 외형은 방추형인 것이 많고 크기는 0.5mm~3cm이다. 지층의 범세계적인 대비나 구분에 매우 유효하여 세계 각지에서 자세히 연구되어 있다.

### 방해석 方解石 ■ ■

방추형의 탄산염광물로 굳기 3, 비중 2.6~2.8이다. 무색 투명 또는 백색 반투명인 것이 많고, 간혹 불순물의 혼입에 의해 회색 · 녹색 · 홍색 · 황색 등을 띤다. 유리 또는 진주 광택이 나며 마름모꼴로 쪼개짐이 발달되어 있다.

복굴절이 매우 높아 이것을 통해 보면 이중으로 보이며, 니콜프리즘(편광판)으로 이용된다.

### 배사 背斜 ■

습곡 작용을 받은 지층의 산봉우리처럼 볼록하게 올라간 부분.

배사부의 정상을 이은 선을 배사축, 위아래로 겹쳐진 각 지층의 배사축을 이은 면을 배사축면이라 한다.

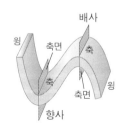

## 백도 白道 ■

천구상에 달이 그리는 공전 궤도.

지구 주위를 도는 달의 공전 궤도를 천구상에 투영한 대원으로, 황도와 약 5.9°의 경사를 이룬다.

## 백색 왜성 白色矮星 ■■

표면온도는 높지만 매우 작아 어두운 별이다.

광도가 태양의 1/1,000~10배이며, 표면온도가 4만~10만K 정도이다. 진화에서 마지막 단계에 이른 축퇴된 물질로 이루어져 있다. 질량은 태양의 1.4배 이하(대체로 0.7배)이고, 크기는 평균적으로 지구 정도로 작다.

## 백악기 白堊紀, Cretaceous period ■■

지질시대의 중생대를 셋으로 나눈 것 중 마지막 시대.

약 1억 3,500만 년 전부터 약 6,500만 년 전까지의 약 7,000만 년 간의 시대로, 쥐라기 후부터 신생대 제3기 전에 해당한다.

동물계에서는 암모나이트를 비롯한 이매패와 대형 유공충도 번성하였다. 공룡도 크게 번성했으나 암모나이트와 함께 백악기 말에 절멸하였다. 식물계에서는 속씨 식물의 쌍떡잎류가 우세하게 되었다. 온난습윤한 기후가 계속되지만 백악기 말부터 한랭해진다.

## 밴앨런대 Van Allen belt ■■■

지구자기축에 고리 모양으로 지구를 둘러싸고 있는 방사능대를 가리키며, 이것을 처음 발견한 미국의 물리학자 J. A. 밴앨런의 이름을 따서 붙인 것이다.

밴앨런복사대의 내층은 지상에서의 높이가 지구 반지름의 약 1/2이고 대부분 고에너지의 양성자로 되어 있으며, 속도가 빠른 전자도 포함되어 있다. 외층은 지상에서의 높이가 지구 반지름의 약 2.5배로서 내층과 마찬가지로 빠른 전자와 양성자층으로 되어 있다.

이들 이온화된 입자의 하나하나는 지구자기의 자력선에 따라 나사선을 그리면서 지구자기 적도면에서 한쪽 극으로 향하며, 어떤 점(반사점)에 도달하면 반전하여 다른 극의 반사점으로 향하면서 수 초 정도의 주기로 격렬한 왕복 운동을 한다.

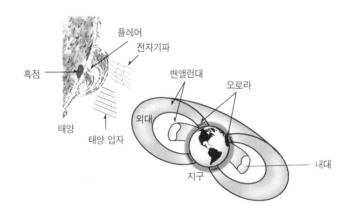

### 버섯바위 mushroom rock ■ ■

사막 지방에서 볼 수 있는 바람에 의한 침식 작용으로 버섯 모양이 된 암석이다. 건조 지대의 사막에서는 바람으로 운반된 모래가 암석의 밑부분을 깎아 가늘게 만들어서 버섯 모양의 암석을 만든다.

이것은 풍식이 강하다는 증거로, 황량한 사막 지역의 특이한 경관을 이루고 있다.

**범람원** 氾濫原 ■

하천의 양쪽에 분포하는 낮은 땅으로, 하천이 홍수로 수위가 높아질 때 범람하여 토사를 퇴적함으로써 생긴 평야이다. 일반적으로 토지가 비옥하여 농경지로 이용된다.

**변광성** 變光星 ■

시간에 따라 밝기가 변하는 별.

별 자체 내부의 원인에 의한 것을 본질적 변광성이라 하고, 쌍성계를 이루는 두 별이 식(蝕)을 일으켜 밝기가 변하는 것을 식쌍성(蝕雙星) 또는 식변광성이라 한다. 일반적으로 변광성이라 하면 주로 본질적 변광성을 의미한다.

본질적 변광성은 별이 팽창과 수축을 되풀이하는 맥동(脈動)변광성과, 짧은 시간에 폭발적으로 밝기가 변하는 폭발변광성(신성·초신성 등)으로 나눌 수 있다.

**변성암** 變成巖 ■ ■ ■

변성 작용으로 형성된 암석.

접촉변성암은 마그마열에 의해 급격히 가열되었기 때문에 단단하고 조직이 치밀한 혼펠스(hornfels) 조직이 된다. 한편, 광역변성암은

| 변성암의 종류 |

| 기존 암석 | 변성 작용 | 저변성 —— 변성암 ⟶ 고변성 |
|---|---|---|
| 셰일 | 접촉(열) 변성<br>광역(압력) 변성 | 혼펠스<br>슬레이트→천매암→편암→편마암 |
| 석회암 | 접촉 변성<br>광역 변성 | 대리암 |
| 화강암 | 광역 변성 | 화강 편마암 |

열과 함께 압력의 영향을 받았기 때문에 압력이 걸린 수직 방향으로 광물이 배열하여 편리나 편마 구조가 발달한다.

## 변성 작용 變成作用 ■ ■ ■

기존 암석이 생성 당시와는 다른 온도 · 압력 · 화학적 조건하에서 재결정 작용을 일으켜 광물 조성이나 조직이 변화하는 작용.
변성 작용은 100℃~700℃ 정도, 1기압~1만 여 기압의 온도와 압력 환경에서 일어난다. 마그마의 접촉부에서 일어나는 접촉변성 작용과 조산대 하부에서 열과 압력이 동시에 작용하여 변성 작용이 일어나는 광역변성 작용으로 구분한다.

## 변환단층 變換斷層 ■ ■ ■

판구조론에서 판의 경계는 변환단층, 해구, 해령으로 나누어진다. 이 중 변환단층은 해구나 해령처럼 판이 소멸되거나 생성되지 않고, 다만 그 양쪽의 판이 서로 엇갈리며 평행하게 움직이는 경계이다. 해령을 중심으로 해저가 확장되므로 해양판이 이렇게 어긋나는 부분에서 서로 반대 방향으로 움직임으로써 변환단층면을 따라 천발 지진이 발생하는 것이다.

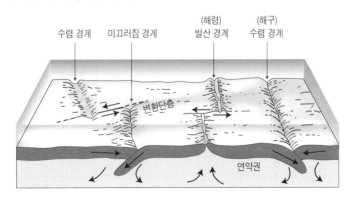

## 병반 餠盤 ■ ■

퇴적암의 층리면에 수평 방향으로 관입했으나 두꺼워져 렌즈 또는 초가지붕 모양을 한 화성암체이다.

## 병합설 倂合說 ■

열대 지방의 강우를 설명하기 위한 강우 이론이다. 더운 지방의 구름은 주로 대류에 의해 생성되므로 구름의 내부에는 상승기류가 존재하게 되고 이로 인해 물방울이 서로 충돌하며 크게 성장하여 마침내 낙하하게 된다는 설이다.
뇌운에서는 상승기류가 매우 강해서 보통 물방울이 낙하만 하는 것이 아니라 상승하기도 한다. 이러한 물방울은 상승기류에 의해 오르락내리락 하면서 많은 충돌과 분산을 반복하게 되고, 결국 큰 물방울이 되어 떨어진다. 이렇게 내리는 비는 얼음의 과정을 안 거쳤으므로 비의 온도에는 관계없이 '따뜻한 비'라 한다.

## 보류 補流 ■

해수가 여러 가지 원인으로 인해 다른 장소로 이동한 것을 보충하기 위해 어떤 장소로부터 들어오는 해류.
북적도 반류 · 쿠릴 해류 · 캘리포니아 해류 등이 좋은 예이다.

## 복각 伏角 ■ ■

지구자기의 3요소 중 하나로, 수평면에 대하여 자기력선의 방향이 이루는 각이다. 지구에서의 복각은 고위도로 갈수록 대체로 커지고, 자기 극에서는 복각이 $90°$가 된다.

## 복굴절 複屈折 ■ ■ ■

입사한 빛이 서로 방향이 다른 2개의 굴절광으로 갈라지는 현상.

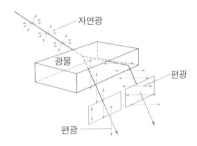

1699년에 E. 바르톨리누스가 방해석에서 처음으로 관찰하였다. 굴절한 빛 중 하나는 굴절의 법칙(스넬의 법칙)을 만족시키지만(정상광선), 다른 하나는 굴절의 법칙을 만족시키지 않는다(이상광선). 복굴절한 빛은 모두 편광된다.

## 복사안개 ■

지표 복사냉각에 의해 지면 부근의 공기가 이슬점 이하로 냉각되는 경우 발생하는 안개.

대개 새벽에 발생하여 해가 뜨면 사라진다.

## 복사층 輻射層 ■ ■

태양의 내부에서 핵 융합 과정으로 생성된 복사에너지가 복사 전달 과정을 거쳐 전달되는 층을 말한다.

## 복사평형 輻射平衡 ■ ■ ■

입사한 에너지를 모두 방출하여 평형을 이루고 있는 상태.

지구를 비롯한 모든 천체는 복사평형을 이루고 있다. 지구는 태양 복사에너지를 계속 흡수하고 있지만 온도는 계속해서 올라가지 않는다. 그것은 지구가 흡수한 에너지의 양과 같은 양을 지구 복사로 방출하기 때문이다.

## 복합화산 複合火山 ■

각종 화산이 서로 겹쳐 매우 복잡한 구조를 가진 화산체로, 지중해에 있는 에트나 화산이 전형적이다. 일본 사쿠라지마 섬의 분화 중심은 남북으로 이동하여 3개의 화구가 남북으로 줄지어 있다.

## 부게이상 Bouguer anomaly ■

어느 지점의 실제로 측정한 중력에서 이론적으로 계산한 표준중력을 뺀 값.

여러 지점의 중력을 비교하기 위해서는 측정지점의 해발고도, 주위의 지형, 지하물질 등에 의한 영향을 모두 제거하는 보정을 하여 지오이드면상에서의 중력값을 알아야 한다. 이렇게 보정된 중력값에서 표준중력값을 빼면 부게이상이 된다. 이것은 지하물질의 영향 때문에 나타나는 중력이상으로 지하물질 탐사에 이용된다.

## 부극소(부식) ■

식쌍성에서 표면온도가 높고 밝은 주성이 표면온도가 낮고 어두운 반성을 가려 어두워진 상태.

반성이 주성을 가리면 가장 어두운 주극소(주식)가 된다.

▶그림 참조 → 주극소

## 부정합 不整合 ■ ■ ■

이미 형성된 지층이 지각 변동에 의해 융기하여 침식을 받은 후, 다시 침강하여 그 위에 새로운 지층이 퇴적되면 상하 두 지층 간에는 시간적으로 큰 격차가 생기게 된다. 이를 부정합이라 한다.

부정합면에는 대개 침식 작용으로 형성된 역암층이 존재하는데, 이를 기저역암이라 한다. 부정합에는 부정합면을 경계로 상하 지층이

평행인 평행부정합, 평행이 아닌 경사부정합, 심성암이나 변성암이
침식된 후 그 위에 새로운 지층이 쌓인 난정합으로 구분한다.

| 부정합 생성 과정 |

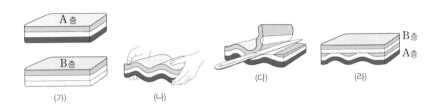

#### 부정합의 법칙 ■■▪

어떤 지층 사이에 부정합이 나타나면 상하의 두 지층 사이에는 상
당한 시간 간격이 있음을 의미한다는 법칙으로, 상하의 지질시대를
구분 · 해석하는 기본 원리이다.

#### 북극성 北極星 ■■▪

천구의 북극에 위치해 있는 별.
현재는 작은곰자리 $\alpha$를 북극성이라 한다. 대략적인 위치는 적경 1h
48.4m, 적위 $+89°2'$으로, 천구의 북극에서 불과 $1°$ 떨어져 있으
며, 천구 북극을 중심으로 작은반지름으로 일주 운동을 하고 있다.
안시등급 2.5등급의 비교적 밝은 별이다.

#### 분광쌍성 分光雙星 ■▪

망원경으로는 두 별이 쌍성임을 알 수 없지만, 분광분석을 통해 쌍
성임을 알 수 있는 별을 가리킨다.
1889년 W. 피커링이 작은곰자리 $\zeta$(미자르)의 분광사진에서 흡수선

이 이중으로 나타나는 것을 보고, 그 원인이 쌍성을 이루는 두 별의 시선 속도의 차이에 의한 것임을 밝혔다. 즉 그림과 같이 A, B 두 별이 청색편이와 적색편이가 교대로 일어난다.

| 분광쌍성과 시선 속도 |

지구
↓

기준위치　　　기준위치　　　기준위치　　　기준위치
청　　적　　　청　　적　　　청　　적　　　청　　적
a　b　　　　a, b　　　　b　a　　　　a, b

### 분화 噴火 ■

지하에 있던 마그마 중 휘발성이 높은 성분은 화산가스가 되고, 나머지는 용암이나 화산쇄설물이 되어 지표에 분출하는 현상이다. 지표면에서 분출되는 곳을 화구 또는 분화구라 한다.

### 불규칙은하 ■▧

외부 은하 중 타원은하 또는 나선은하와 달리 일정한 모양을 갖추지 않은 은하.
제1형은 젊은 O·B형 별과 이온화 수소 영역이 많고, 나선은하의 연장과 같은 양상을 나타낸다. 마젤란 은하가 대표적이다. 제2형은 항성이 보이지 않고 가스성운의 집합체로

큰곰자리 외부 은하 M82

보이며, M82가 그 예이다. 은하끼리의 충돌이나 폭발로 생긴 것으로 알려져 있다.

## V자곡 ■■■

횡단면이 V자 모양을 한 골짜기.

하천의 상류나 유년기의 골짜기 등에서 하각 작용이 우세하여 형성되는 지형이다. 지형의 침식이 진행되어 장년기상태가 되면 하각보다 측각 작용이 강하게 작용하므로, V자곡은 차차 소멸하여 넓은 범람원을 가진 곡저평야가 형성된다. 빙하의 침식에 의해 만들어진 U자곡과는 뚜렷한 대조를 이룬다.

## 블랙홀 black hole ■■

블랙홀은 A. 아인슈타인의 일반상대성 이론에 근거를 둔 것이다. 물질이 극단적인 수축을 일으키면 그 안의 중력은 무한대가 되어 그 속에서는 빛 · 에너지 · 물질 · 입자의 어느 것도 탈출하지 못한다는 것이다.

블랙홀의 생성은 태양보다 훨씬 무거운 별이 진화의 마지막 단계에서 강력한 수축으로 생긴다는 설과 약 200억 년 전 우주가 대폭발(Big Bang)로 창조될 때, 물질이 크고 작은 덩어리로 뭉쳐서 블랙홀이 무수히 생겨났다는 설이 있다. 실제로 태양 질량의 10배 이상인 별이 블랙홀이라면 그 반지름이 수십km밖에 안 되고, 반대로 중력은 지구의 100억 배 이상이 된다.

블랙홀은 직접 관측이 불가능하기 때문에 오랫동안 이론적으로만 존재해 왔으나, 근래에 X선 망원경으로 백조자리 X-1이라는 강력한 X선원을 발견하여 그 존재가 확실해졌다. 블랙홀은 우리 은하계 안에도 약 1억 개가 있을 것으로 추산된다.

## 비결정질 非結晶質 ■■■

구성원자나 이온 등이 불규칙적인 배열을 이루고 있는 고체(단백석·흑요석·유리 등).

육안으로 광물 입자들이 보이지 않는다고 해서 비결정질이라고 할 수는 없다. 왜냐하면 분말로 산출되는 광물도 대부분 결정질로 되어 있다.

## 비균질권 非均質圈 ■■■

대기의 조성이 균질하지 않은 권역.

높이 100km 이상의 대기는 공기가 너무 희박하여 공기 입자들끼리의 충돌이 잘 일어나지 않으므로 높이에 따라 성분비가 변한다. 높이 올라갈수록 $N_2$, $O_2$, He, $H_2$ 층이 차례로 나타난다.

## 비습 比濕 ■

공기 중의 수증기 정도를 나타내는 것으로 단위부피 공기 중에 함유된 수증기의 질량을 g으로 나타낸 것이다. 단위는 흔히 g/kg을 사용하며 자연 공기의 비습은 대개 40g/kg 이내이다.

## 비중 比重 ■■

어떤 물질의 질량과 그 물질과 같은 부피를 가진 표준물질(고체 및 액체의 경우에는 보통 1기압, 4℃의 물, 기체의 경우에는 0℃, 1기압 하에서의 공기)의 질량과의 비.

대부분 비중과 밀도는 그 값이 같다.

## 빈의 법칙 Wien's displacement law ■■

흑체에서 방출되는 가장 강한 복사에너지의 파장은 흑체의 표면온도가 높아짐에 따라 반비례하여 짧아진다는 법칙이다.

$$\lambda_{max} = \frac{a}{T} \ (a : 비례상수)$$

여기서 $\lambda_{max}$는 최대의 복사에너지를 갖는 파장이며, $T$는 복사체의 표면온도이다.

▶그림 참조 → 플랑크 곡선

## 빙정설 氷晶說 ■■■

1933년 T. 베르게론이 발표한 강수 현상 발생에 관한 학설.

과냉각된 구름 알갱이와 빙정이 공존하면 물에 대한 평형증기압이 얼음에 대한 평형증기압보다 높기 때문에 물방울로부터 증발된 수증기가 빙정 표면에 승화 · 응결되어 강수 입자가 된다는 강수 이론이다. 얼음이 녹아 비가 되므로 온도에 상관없이 '찬 비'라고 한다.

## 빙퇴석 氷堆石 ■■

빙하에 의해 운반되어 퇴적된 모래 · 자갈 또는 점토를 말한다. 혹은 이들 물질로 이루어진 특수 지형을 가리키기도 한다.

빙퇴석으로 퇴적된 자갈이나 바위 표면에는 빙하에 의해 긁힌 찰흔(擦痕)이 나타난다.

## 빙하 氷河 ■■■

만년설의 하부에서 무게에 의해 녹아 흐르는 것으로, 빙하가 차지하는 면적은 현재 약 1억 5,000만km²로 전 육지의 약 10%에 해당한다. 그 중 98%는 남극 대륙과 그린란드에 존재한다.

**사구** 砂丘 ■ ■ ■

바람에 의해서 운반·퇴적된 모래로 형성된 언덕.

건조한 모래가 있는 지역에서 적당히 강한 바람이 일정 방향으로 부는 곳에 형성되기 쉬우며 건조지나 해안·하안 등지에 발달한다. 사구에는 대륙 내부의 열대 및 중위도 사막에 분포하는 내륙사구가 있다. 북아메리카 사막 면적의 2%, 사하라 사막의 11%, 아라비아 사막의 30%가 이에 해당한다.

해안사구는 습윤온대의 각지에 분포하며 바다의 물결로 인해 해안에 쓸려온 모래가 탁월풍에 의해 운반되어 형성된다.

내륙사구

해안사구

**사리** spring tide ■ ■

달과 태양이 일직선상에 놓이면서 밀물과 썰물의 차가 최대가 되는 시기.

조석은 달과 태양의 인력(引力)에 의해 일어나는데, 지구에서 볼 때 달과 태양이 같은 방향에 있을 때(신월)와 정반대 방향에 있을 때 (만월), 둘의 작용이 최대가 되어 사리가 된다.

## 사빈 沙濱 ■

모래톱으로 이루어진 해안.

해식애와 인접 해안의 침식으로 생긴 모래 · 자갈 등이 연안의 파랑이나 바닷물의 흐름에 의해 운반 · 퇴적되어 형성된다.

온대 지방에는 주로 석영으로 구성되어 있고 일부 장석과 함께 소량의 비중이 큰 광물도 나타난다. 반면, 열대 지방에는 산호 파편이나 조개껍데기 같은 생물의 골격물

등으로 이루어진 석회질 모래가 많이 쌓인다. 사빈에 퇴적된 모래는 깨끗해서 해수욕장으로 개발되는 경우가 많다.

## 사장석 斜長石 ■ ■ ■

조장석과 회장석 또는 이들의 고용체이다. 굳기 6~6.5, 비중 2.61~2.76이고, 주로 회색 또는 백색이며, 때로는 녹색 · 황색 · 적색 · 청색 등을 띠기도 한다. 사장석은 화성암의 구성성분으로서 가장 일반적이고 변성암 속에서도 많이 발견된다. 6대 조암광물 중 가장 많은 비율을 차지한다.

## 사주 砂洲 ■ ■ ■

해안이나 호수 주변의 수면상에 나타나는 모래와 자갈로 이루어진 퇴적 지형.

해저의 모래나 연안류가 운반한 모래가 파도의 힘이 적어진 곳에 퇴적하여 사주를 형성한

연안주

다. 파도에 의해 운반된 모래가 해안선과 평행하게 쌓여 형성된 것
을 연안주(沿岸洲)라 하며, 연안주의 중앙에는 보통 석호를 가지게
된다.

## 사층리 斜層理 ■ ■ ■

주요 층리면에 대해 일정한 각도를 이루며 발달한 퇴적 구조.
사층리를 관찰하면 흐르는 물의 방향을 알 수 있다. 사층리는 그림
과 같이 유속의 변화로 퇴적과 침식이 반복되어 형성된다.

| 사층리의 발달 과정 |

흐름의 방향

상부

하부

혀 모양으로
퇴적

상부가 침식되고
새로운 층이 퇴적

## 사행천 蛇行川 ■

경사가 완만한 하천의 중·하류에서는 주로 옆으로의 침식 작용이
일어나 곡류가 발달하게 된다. 곡류에서 침식 에너지가 큰 쪽은 하
천의 벽을 침식하고, 에너지가 작은 쪽은 운반되어 오는 물질을 퇴
적시켜 S자를 연결해 놓은 듯한 사행천을 형성한다.

## 산개성단 散開星團 ■ ■ ■

수백 개에서 수천 개의 젊은 별들이 지름 수백 광년의 공간에 불규
칙하게 모여 있는 집단.
주로 은하면에 모여 있고 플레이아데스 성단·히아데스 성단·프

레세페 성단 · 페르세우스자리 이중 성단 등이 있다. 고온의 밝고 젊은 별들이 많으며 분광형에 따라 A형이 많은 히아데스형과 B형이 많은 플레이아데스형으로 구분된다.

모여 있는 별들은 거의 동시에 태어났기 때문에 나이와 구성성분이 거의 같다.

플레이아데스 성단

산풍 山風 → 곡풍 ■

산화광물 酸化鑛物 ■

화학조성상 금속 또는 아금속산화물의 조성을 가진 광물.

이 중에는 산소산화물인 것이 많은데, 석영 · 텅스텐 · 적동석 · 적철석이 여기에 속한다.

삼각주 三角洲 ■ ■

호수나 해양으로 유입하는 하천의 하구에 하천을 따라 운반되어 온 모래가 퇴적되어 이루어진 충적평야.

하천의 유속이 큰 상 · 중류에서는 토사가 쉽게 운반되어 하구에 다다를 수 있으나 하구에서는 유속이 느려질 뿐만 아니라, 특히 바다로 유입하는 하구에서는 염분이 운반되어 온 미세한 물질을 응결시켜 침전을 촉진하므로 하구에 토사가 퇴적된다.

이와 같이 하구에서는 바다 표면에 거의 잠길 정도의 평탄한 퇴적 지형이 형성되어 육지가 이루어진다. 삼각주의 모양은 운반물질의 양, 파도의 침식 작용, 해저 지형 등에 의해 여러 가지 모양으로 나

타난다. 삼각주는 그리스 문자 *Δ* (delta)의 모양과 비슷하므로 삼각
주를 '델타' 라고도 한다.

## 삼릉석 三稜石 ■ ■

사막 지방이나 해안사구에서 일정 방향으로 부는 바람에 의한 침식
작용으로 깎여서 능이 발달한다. 바람에 날린 모래는 돌의 표면을
납작하게 깎아 풍향과 직각이 되는 능선을 만든다. 돌의 위치가 바
뀌면 새로운 면을 깎아서 세모로 된 은행(銀杏) 모양의 돌이 되는
데, 이것이 삼릉석이다. 대개 풍식으로 깎여진 면은 모래에 의한 흔
적이 줄로 남아 있고, 사면체로 된 것도 있다.

## 삼엽충 三葉蟲 ■ ■ ■

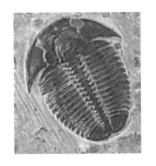

고생대에 번성했던 생물로 오늘날의 게
나 가재와 같은 갑각류로 탈바꿈을 한
다. 완전한 갑각류는 수많은 조각으로
나누어진다. 먼저 머리, 가슴, 배, 절지
등으로 크게 나뉘고 이는 다시 작게 나
누어질 수 있다.
삼엽충도 예외는 아니다. 삼엽충 화석의
70% 정도는 완전한 삼엽충 개체가 아니고 탈바꿈한 껍질과 조각들
이라고 한다. 그러므로 완전한 개체를 채집하기는 매우 어렵고 대
개 조각을 채집하게 된다.
한편, 강원도 영월에서 발견된 삼엽충과 유사한 조성을 지닌 것이
중국과 오스트레일리아에서도 발견됨으로써 영월 부근의 고생대 지
층의 고지리적인 의미가 커졌다. 실제로 고생대에는 육지의 대부분
이 남반구에 있었으며 우리 나라는 남 · 북 중국과 함께 오스트레일

리아에 결합되어 있었다. 고지자기 연구와 구조지질학적인 연구에
서도 삼엽충 연구와 유사한 연구 결과를 얻었다.

## 상대습도 相對濕度 ■■■

단위부피의 공기 속에 포함되어 있는 수증기의 질량과 같은 온도에
서 단위부피 속에 포함할 수 있는 포화수증기량과의 비를 백분율로
나타낸 것이다.

상대습도는 건구와 습구라는 2개의 온도계로 기온을 읽고, 이 수치
에서 상대습도를 읽는 표에 의해 간접적으로 산출하거나 모발습도
계 등에 의해서 직접 측정된다. 상대습도는 기온과는 반대로 새벽
에 높고 오후에 낮아지고, 여름철에 높고 겨울철에 낮아진다.

$$상대습도(\%) = \frac{현재\ 공기의\ 수증기량}{현재\ 기온의\ 포화수증기량} \times 100$$

## 상대연대 相對年代 ■■

지질시대를 지질 구조나 생물의 변천을 기준으로 구분하고 상대적
인 순서만을 나타낸 연대.

건층을 이용하여 지층을 대비하거나 진화 과정이 알려진 화석을 이
용하여 상대적인 순서를 정하는 것이다.

## 색지수 色指數 ■■

별의 색을 나타내는 지수.

처음에는 안시등급과 사진등급의 차이를 이용해 나타냈으나, 최근
에는 B등급과 V등급의 차이로 나타낸다. 표면온도가 높은 별 A와
낮은 별 B가 있다고 할 때, 그래프와 같이 표면온도가 높을수록 최
대에너지를 내는 파장이 짧아지므로  A 별의 경우 V등급보다 B 등

급이 작아지고, B 별의 경우 B등급보다 V등급이 낮아진다. 따라서
색지수가 작을수록 표면온도가 높은 별임을 알 수 있다.

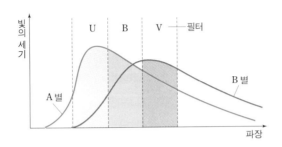

생흔화석 生痕化石 ■

생물의 생활 흔적이 남아 있는 화석으로, 흔적화석이라고도 한다.
공룡의 발자국, 새 발자국, 생물이 기어간 흔적, 천공조개의 구멍
등이 있다.

서안강화 현상 西岸强化現象 ■ ■

대양의 해류계가 동서로 대칭을 이루지 않고 중심이 서쪽으로 치우
쳐 있어서 서쪽 해안 쪽의 해류가 동쪽 해안보다 월등히 강해지는

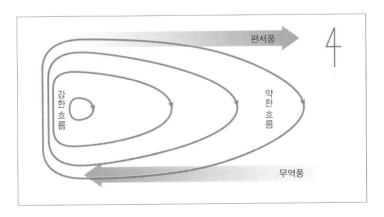

현상이다.

쿠로시오 해류 · 멕시코 만류 등이 있고 이렇게 서안강화 현상이 일어나는 해류를 서안경계류라고 한다.

### 서안 기후 西岸氣候 ■

대륙의 서쪽 해안은 남으로부터 해양의 따뜻한 공기가 대륙으로 흘러 들어와 같은 위도상의 동쪽보다 겨울에 따뜻하다.

또한 여름에는 북서풍이 불어 시원하며, 기온의 연교차가 작은 기후이다.

### 서크 cirque ■

빙하가 시작하는 곳에 생긴 우묵한 웅덩이 모양의 지형.

빙하의 무게의 의해 침강하여 우묵한 지형을 이루게 된다.

### 석류석 石榴石 ■

등축정계에 속하는 규산염광물로, 가넷이라고도 한다. 성분은 매우 다양하고 천연적으로는 순수한 것이 적으며, 몇 종이 모여 고용체를 이루고 있다. 결정형은 등방형이고, 쪼개짐은 거의 없으며, 굳기는 6.5~7.5, 비중은 3.4~4.6이다. 적색 · 갈색 · 황색 · 백색 · 회색 · 녹색 · 흑색 · 무색 등 여러 가지 색이 있고 투명하거나 반투명하다. 유리광택 또는 수지광택이 있다.

▶등축정계 → 6정계

### 석영 石英 ■■■

육방정계에 속하는 광물이다. 화학성분은 $SiO_2$로 화학적으로 매우 순수하고, 주로 육각주상의 결정을 이루며 괴상을 이루기도 한다.

쪼개짐은 없고, 패각상이나 평탄하지 못하게 깨진다. 굳기는 7, 비중은 2.5~2.8, 색깔은 불순물의 함량에 따라 여러 가지 색을 띠지만 거의가 무색투명하다. 유리상 광택이 강하고 때로는 지방광택이 난다. 암석의 주요 구성광물이며, 사암·규암·역암 등은 거의 모두가 석영으로 이루어졌다.

▶육방정계 → 6정계

## 석탄기 石炭紀, Carboniferous period ■ ■

고생대 후기에 해당하는 시기로 유공충의 일종인 푸줄리나가 출현하여 번성하였다. 또한 잠자리와 같은 곤충류, 식물계에는 인목·봉인목·노목 등의 양치 식물이 번성하였고, 파충류가 최초로 출현하였다. 이 시기의 동·식물은 매몰되어 현재 채굴하고 있는 석탄층이 되었다. 우리 나라의 석탄층은 주로 페름기에 쌓인 지층이다.

## 석호 潟湖 ■

해안에 형성된 사주로 바다와 격리되어 형성된 호수나 늪.
해류·조류·하천 등의 작용으로 운반된 토사가 바다의 일부를 막아 형성되었다. 이들 호수나 늪은 수심이 얕고 바다와는 모래로 격리된 데 불과하므로, 지하를 통해서 해수가 섞이는 일이 많아 염분이 높다.

## 석회동굴 石灰洞窟 ■ ■ ■

석회암이 이산화탄소가 용해된 지하수에 의해 녹아 형성된 동굴로 다음과 같은 과정을 거친다.

$$CaCO_3 + H_2O + CO_2 \rightarrow Ca(HCO_3)_2$$

천장에서 탄산수소칼슘 용액이 떨어질 때 이산화탄소를 함유한 수

분이 공기 중으로 방출되므로, 위 식의 역반응이 일어나 다시 탄산칼슘이 생긴다. 이런 반응이 장기간 계속되면 천장에 고드름 모양으로 매달린 종유석이 생기고, 물방울이 떨어지는 동굴의 밑바닥에서도 탄산칼슘이 유리되어 죽순 모양의 석순이 형성된다. 종유석과 석순은 오랜 기간이 지나면 결국 위아래에서 성장하여 기둥 모양의 석주가 된다.

경북 울진군의 성류굴, 강원 영월군의 고씨굴, 충북 단양군의 고수동굴 등이 유명하다.

### 선상지 扇狀地 ■ ■ ■

산지와 평지 사이의 유로에서 갑자기 경사가 완만해질 때, 유속의 감소로 하천 퇴적이 반복되어 형성된 부채꼴 모양의 퇴적 지형.

지형도에서는 각 등고선이 곡구를 중심으로 동심원상으로 배열되어 있다. 선상지의 윗부분을 선정, 중앙부를 선앙, 말단을 선단이라고 하는데 경사는 선단으로 갈수록 완만해진다. 퇴적물들은 굵은 입자(자갈 · 모래)가 많고 물이 잘 스며들기 때문에 하천이 복류하는 경우가 많다. 선정부에서 지하로 스며들어 지하수로서 복류하다가 선단부에서 샘으로 솟아난다. 이 때문에 선앙보다는 선단에서 용수를 구하기가 용이하며 취락도 이곳에 발달한다.

### 선캄브리아대 Precambrian Eon ■ ■ ■

지질시대 중 고생대 최초의 시대인 캄브리아기에 앞선 시대.

이 시기는 지각에서 발견된 가장 오래 된 암석의 연령(38억 5,000만 년)으로 보아 약 40억 년 전부터 6억 년 전까지, 약 34억 년간 지속된 시대로, 지질시대 중 가장 오래 된 시기이다.

지질시대의 85%를 차지하는 선캄브리아대는 보통 시생대와 원생대로 구분된다. 주로 박테리아·남조류 등의 하등식물 화석이 산출되고 조류의 흔적화석인 스트로마톨라이트(stromatolite)가 대표적이다. 후기에 이르러 비로소 동물 화석이 산출되며, 오스트레일리아 남부 애들레이드의 에디아카라 지역의 선캄브리아대 최후기 지층에서는 절지 동물·강장 동물·환형 동물 등의 화석이 산출되었는데, 이를 '에디아카라 동물군'이라 한다.

## 성간물질 ■

별과 별 사이의 공간에 흩어져 있는 소량의 물질. 주로 성간가스와 성간티끌로 구성되어 있다.

성간가스의 평균밀도는 $1cm^3$에 수소 원자가 하나 있을 정도이며, 성간티끌의 평균밀도는 이보다 더 희박하여 $100만m^3$에 티끌이 하나 들어 있을 정도이다. 성간물질은 은하계 전체 질량의 약 1/3을 차지하며, 주로 수소와 헬륨으로 구성된다.

## 성단 星團 ■■

별들이 모여 이루어진 집단. 공 모양으로 모여 있는 구상성단과 비교적 허술하게 모여 있는 산개성단으로 구분한다.

## 성운 星雲 ■■

성간물질이 밀집되어 마치 구름처럼 보이는 천체. 발광성운, 반사성운, 암흑성운 등이 있다.

## 성운설 星雲說 ■

성운에서 태양과 행성 등이 발생했다는 태양계 기원설.

가장 고전적인 것으로는 I. 칸트가 제창하고 P. S. 라플라스가 전개한 '칸트−라플라스의 성운설'이 있는데, 태양계의 각 운동량 분포를 설명할 수 없는 결함을 가지고 있다. 후에 C. F. 바이츠제커 등이 제안한 난류 이론에 입각한 신성운설로 대체되었으며 최근의 태양계 기원설의 모체가 되었다.

## 성층권 成層圈 ■■

대기권에서 대류권 상부~중간권 하부에 위치한다. 아래쪽은 높이에 관계없이 대체로 경계가 일정하지만 위쪽에서는 높이에 따라 높아진다. 이것은 높이 약 30km 부근에 오존층이 있기 때문이다.

안정된 기층이어서 대류 현상이 거의 일어나지 않는다. 성층권 하부는 비행기의 항로로 이용된다.

## 성층화산 成層火山 ■

용암류와 화산쇄설물이 교대로 분출하여 층을 이루면서 퇴적되어 생긴 화산.

성층화산의 정상에는 용암원정구(溶岩圓頂丘)나 호수 등을 볼 수 있고, 육지에 있는 화산체의 약 60%를 차지한다.

## 세 世 ■

지질학적 시간 구분 단위. 기(記)를 더 세분한 단위로 신생대 제3기는 오래된 것으로부터 팔레오세 · 에오세 · 올리고세 · 마이오세 · 플라이오세의 5개의 세로, 제4기는 홍적세 · 충적세의 2개의 세로 나누어져 있다. 세의 시대에 형성된 지층이나 암석은 '통'이라 한다.

## 세페이드변광성 Cepheid variable ■ ■

세페우스자리 δ를 대표로 하는 맥동변광성이다. 세페우스자리 δ는
주기 5.37일, 변광범위 3.6~4.3의 변광성인데, 이런 종류의 변광
성에 속하는 별의 주기는 1일 미만에서 50일 정도의 것까지 있다.
세페이드변광성과 같은 모양의 변광 곡선을 나타내는 것 중에서 주
기 1일 이하의 것은 거문고자리 RR별로 대표되며 거문고자리 RR
형 변광성이라 한다.

1912년 하버드 천문대의 H. S. 리비트는 소마젤란 은하에서 25개
의 세페이드변광성을 발견하였고, H. 섀플리는 외부 은하에 있는
세페이드변광성에도 주기−광도 관계가 성립함을 확인하였다. 이러
한 세페이드변광성의 주기−광도 관계는 맥동변광성의 연구뿐만 아
니라 은하의 구조 연구에 많은 도움을 주었다.

| 변 광 곡 선 |

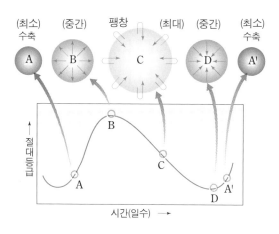

## 속성 작용 續成作用 ■

퇴적물에서 고결된 퇴적암이 형성되는 전 과정. 압축 작용과 교결

작용이 있다.

## 수권 水圈 ■■

지표에서 해양·호소·하천·얼음·빙하·눈 등의 형태로 분포되어 있는 범위.

수권의 넓이는 지구 표면의 약 2/3를 차지한다. 지구상의 물은 기권 중에는 수증기의 형태로, 암석권에는 지하수나 암석 중의 공극수로 존재하며, 기권·수권·암석권의 3권에 걸쳐 순환한다.

수권은 크게 육수와 해수로 구분되며, 육수는 대부분 빙하가 차지한다.

## 수렴 경계 收斂境界 ■■■

두 개의 판이 서로 충돌하여 그림과 같이 맨틀의 대류가 하강하는 곳으로 해양 지각이 연약권 밑으로 밀려 들어가기 때문에 해양 지각이 소실되는 경계이다.

이 경계에서는 호상열도나 해구가 발달하고, 소멸하는 판의 상부면을 따라 지진과 마그마가 발생되며 지표에서는 화산이 형성된다.

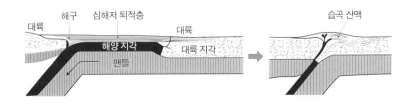

## 수성 水星, Mercury ■■

수성은 태양에서 가장 가까운 행성으로 항상 태양 가까이에 있기 때문에 지구에서 관측하기가 매우 어렵다. 1974년 3월 마리너 10

호가 보내 온 자료에 의하면 수성의 표면은
달의 표면과 비슷하게 많은 운석 구덩이로
덮여 있다.

수성에는 대기가 없고, 자전주기가 약 59일
이나 되기 때문에 낮에는 많은 양의 태양
복사에너지를 받아서 약 430℃까지 온도가
올라가고, 밤에는 −150℃ 이하로 온도가 내려간다. 수성은 지름이
약 4,900km로서 달보다 약간 크다. 수성은 태양 가까이에서 공전
하기 때문에 초저녁과 새벽에 잠시 동안만 관측이 가능하고 소형
천체망원경으로 그 위상을 확인할 수 있을 뿐이다.

## 수소핵 융합 반응 水素核融合反應 ■

별의 내부에서 수소가 융합하여 헬륨이 되는 과정으로 별의 주에너
지원이 된다. 수소핵 융합 반응은 4개의 수소가 융합하여 한 개의
헬륨이 되는 과정에서 에너지를 발생한다. 양성자−양성자 반응과
탄소 순환 반응이 있다. 그 과정은 다음과 같다.

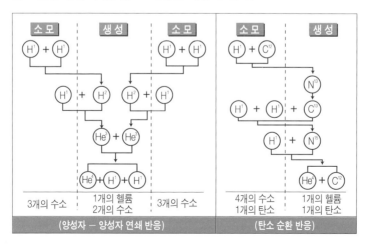

## 수온약층 水溫躍層 ■■■

해수의 깊이에 따른 수온 분포
에서 수온 변화가 대단히 급격
한 층이다.

바람의 혼합 작용이 미치지 못
하고 열원이 없기 때문에 수온
이 깊이에 따라 급격하게 감소
한다. 수온약층의 깊이는 계절
에 따라 변화하는 동시에 장소
에 따라서도 달라지며, 중위도
에서 수온약층의 깊이가 가장 두껍다.

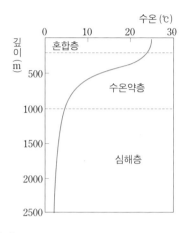

## 수직권 ■■

천정과 천저를 포함하는 천구상
의 대원.

관측자의 바로 머리 위를 천정,
발 아래를 천저라 하며, 천정과
천저를 잇는 대원인 수직권은 지
평선과 직각으로 만난다. 자오선
은 지평선의 남점(S)과 북점(N)
을 지나는 수직권에 해당한다.

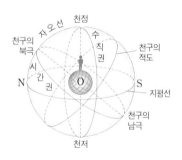

## 수평자기력 水平磁氣力 ■

지구자기장의 수평 방향 성분으로, 지구자기 수평분력이라고도 한
다. 자침을 수평이 되도록 매달았을 때, 일반적으로 지구상의 중·
저위도 지역에서는 자침의 N극은 북에 가까운 방향을 가리킨다. 이

것은 지구의 자기장이 자침의 N극을 그 방향의 어떤 힘으로 잡아당기기 때문이며, 이 힘을 수평자기력이라고 한다.

적도 지방에서는 약 0.3G(가우스)로 가장 크며, 고위도 지방일수록 작다. 자침이 연직 방향을 가리키는 남북 두 자극은 수평자력이 0이 되는 곳이 된다.

## 순상화산 楯狀火山 ■

$SiO_2$의 함량이 적어 점성이 낮고 유동성이 큰 현무암질 용암이 분출하여 생긴 방패 모양의 넓은 화산.

세계적으로 하와이 섬의 마우나로아 화산이 전형적이며, 우리 나라의 제주도 한라산 화산체도 정상부를 제외하고는 순상화산에 속한다.

## 슈테판-볼츠만 법칙 Stefan-Boltzman's law ■ ■

1879년 J. 슈테판이 실험적으로 발견하고, 1884년 L. 볼츠만이 이것을 열역학적으로 정립하였다. 흑체가 단위면적당 단위시간에 방출하는 에너지의 양($E$)은 흑체 표면의 절대온도($T$)의 네제곱에 비례한다는 법칙이다.

$$E = \sigma T^4$$

## 스모그 smog ■ ■

영어의 'smoke(연기)'와 'fog(안개)'의 합성어로 대기 속의 오염물질을 핵으로 수증기가 응결하여 안개가 된 것이다. 스모그는 역전층이 형성된 곳, 바람이 약한 곳에서 잘 형성된다.

| 런던형 스모그 | 1872년 런던에서 스모그에 의한 사망자가 243명이나 발생하고 1952년 12월 5일~9일에는 수천 명의 사망

자를 낸 '런던 사건'이 일어났다. 이것은 석탄의 연소에 의한 스모그로 대표되기 때문에 런던형 스모그라 한다.

| 로스앤젤레스형 스모그 |   제2차 세계대전 후에는 자동차 등의 내연기관이 가솔린·중유를 쓰게 되어 석유의 연소에 의한 스모그가 큰 문제로 등장하였는데, 이를 로스앤젤레스형 스모그라고 한다. 로스앤젤레스형 스모그는 자동차의 배기가스 속에 함유된 탄화수소와 질소산화물의 혼합물에 태양광선이 작용해서 생기는 광화학 반응에 의한 것으로, 광화학스모그라고도 한다.

## 스펙트럼형 spectral type ■ ■ ■

별을 그 별빛의 스펙트럼에서 나타나는 흡수선의 종류와 세기에 따라 O, B, A, F, G, K, M의 7가지로 분류한 것을 말하고, 분광형이라고도 한다. 스펙트럼형의 차이는 별의 대기를 이루는 온도의 차이에 따라 나타나는 것이므로, 스펙트럼형은 그 별의 온도를 말해 준다. O형에서 M형으로 갈수록 표면온도가 낮아진다.

## 스피큘 spicule ■ ■

태양의 광구에서 튀어나오는 바늘 모양의 구조.

매초 10km 이상의 속도로 상승하여 수 분에 걸쳐 고도 5,000km에서 1만km 이상까지 달했다가 소멸한다. 광구의 바로 밑에 있는 대류층인 가스 덩어리의 격렬한 운동의 여파로 발생한다.

## 습곡 褶曲 ■ ■

수평으로 퇴적된 지층이 횡압력을 받아 휘어진 지질 구조.

습곡은 그 형태로 보아 양 날개의 경사가 같고 축면이 수직인 정습곡, 축면이 한쪽으로 기울어진 경사습곡, 축면이 거의 수평으로 기울어진 횡와습곡 등으로 구분한다.

정습곡

경사습곡

등사습곡

횡와습곡

## 습윤단열감률 濕潤斷熱減率 ■ ■

수증기로 포화된 공기에서 일어나는 단열 변화에서 단위거리만큼
상승 또는 하강했을 때에 온도 변화의 비율.
단열 변화 과정에서 수증기의 응결이 일어나기 때문에 습윤단열감
률은 건조단열감률보다 작다. 기온이 10℃일 때 100m에 대하여
약 0.5℃이다.

## 시간권 ■

천구의 북극과 남극을 지나는 대원.
천구의 적도면과 직각을 이루며, 동일 시간권에 위치한 천체의 적
경은 모두 같다.
▶그림 참조 → 수직권

## 시베리아 기단 Siberian air mass ■ ■ ■

시베리아 대륙이 발원지인 대륙성 한대기단으로 겨울철 일기를 지
배한다. 한랭건조하므로 기온이 낮고 건조한 기후가 나타난다.

## 시상화석 示相化石 ■ ■

지질시대의 퇴적 환경을 알 수 있는 화석으로, 생존기간이 길고 분
포 지역은 한정되어 나타난다.

특정 환경 조건에서 서식하는 생물은 좋은 시상화석이 된다. 예를 들면 산호는 수온 18℃ 이상~25℃ 전후가 최적이며, 투명도가 높고 햇빛이 닿는 50m 이내의 얕은 곳에 서식한다. 따라서 산호가 잘 발달된 지층은 수온이 높고 얕은 바다였음을 알 수 있다.

## 시선 속도 視線速度 ■

별의 공간 운동에서 시선 방향으로 가까워지거나 멀어지는 운동 속도이다. 별빛의 스펙트럼에 나타나는 도플러 효과로 측정할 수 있다. 즉 후퇴하는 천체에서는 적색편이가 관측되고 접근하는 천체에서는 청색편이가 관측된다.

## 시조새 ■ ■

쥐라기에 생존한 조류의 선조로 조상새라고도 한다. 몸길이가 40cm 정도이며, 머리가 작고 눈이 크다. 부리에는 날카로운 이가 나 있고, 앞다리는 날개로 변했으나 날개 끝에는 발톱이 달린 3개의 발가락이 붙어 있다. 꼬리는 20~21개의 미추골로 되어 있으며, 이것을 축으로 하여 깃털이 좌우로 늘어서 붙어 있다. 현재의 조류와 달리 자유로이 날 수 없고 글라이더처럼 공중을 활주했던 것으로 보인다. 많은 점에서 파충류의 특징을 가지므로 파충류와 조류의 중간형에 해당하는 것으로서 파충류가 진화한 최초의 모습이라고 생각한다.

## 식변광성 蝕變光星 ■

식(蝕) 현상에 의해 밝기가 주기적으로 변하는 별.

두 별이 서로의 인력으로 공통 질량중심 주위를 공전하고 있을 때, 그 궤도면이 관측자의 시선 방향에 놓이면 때때로 일식과 같은 현상을 일으켜, 두 별을 합한 광도가 주기적으로 변하게 된다.

식변광성은 지구로부터의 거리가 대단히 멀기 때문에 아무리 큰 망원경으로 보아도 두 별을 분리해서 볼 수 없으며, 다만 그 광도의 주기적 변화로부터 쌍성임을 알 수 있다. 현재 알골을 비롯하여 약 3,000개의 식변광성이 알려져 있다.

## 신생대 新生代, Cenozoic Era ■■■

지질시대의 5대 구분 중 가장 새로운 시기로, 지금으로부터 약 6,500만 년 전에서 현재에 이르는 기간이다. 제3기와 제4기의 2기로 구분되고 제4기는 약 180만 년 전부터 시작되어 지금에 이르고 있다. 포유류·조류·경골어류 등이 번성하였다.

포유류로는 말·코끼리·코뿔소 등의 선조가 발전하였고, 원시식충류로부터 진화된 영장류에서 인류가 출현하기도 하였다. 식물에서는 속씨 식물 등이 뚜렷한 번식을 하였다. 제4기에는 주기적으로 4차례에 걸친 빙기가 있었으며, 빙하시대라고도 한다.

## 실루리아기 Silurian Period ■

약 4억 3,000만 년 전~약 3억 9,500만 년 전까지의 기간으로, 고생대의 중기에 해당하는 시기이다. 실루리아기 후기에는 최초의 육상식물이 출현하였다.

**심발 지진** 深發地震 ■

진원(震源)의 깊이가 깊은 지진. 흔히 진원 깊이 300km 이상에서 일어나는 지진을 말한다. 대부분 환태평양 지진대의 해구에서 발생하는데, 해구에서 대륙 쪽으로 올수록 심발 지진이 발생한다.

**심성암** 深成巖 ■■■

화성암의 일종으로 마그마가 지하 깊은 곳에서 서서히 냉각되어 형성된 암석.

조립질이며 석영이나 장석과 같은 무색광물과 운모 · 각섬석 · 휘석 · 감람석 등의 유색광물로 구성되었다. 규산염의 양에 따라 산성암, 중성암, 염기성암으로 구분한다.

**심층류** 深層流 ■

해수의 밀도차에 의해 생기는 연직 순환으로, 중층류와 저층류가 적도 지방에서 모여 그 사이를 따라 극 쪽으로 돌아가는 해류이다.

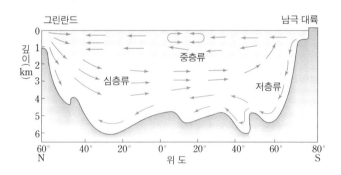

**심해층** 深海層 ■■■

해양의 연직 구조에서 수온약층 아래에 위치하며, 연중 수온이 낮고 변화가 없는 층이다.

## 심해파 深海波 ■■

표면파라고도 하며, 수심이 파장의 1/2보다 깊을 때의 해파이다. 물 입자는 원 운동을 하는데, 그 운동의 반경은 수심이 깊어짐에 따라 급격히 감소하여 어느 깊이 이상에서는 거의 정지상태가 된다. 전파 속도는 파장이 길수록 빠르다.

## 쌀알무늬 ■■

입상반(粒狀斑)이라고도 한다. 태양의 표면에 나타나는 쌀알과 같은 작은 무늬.
쌀알무늬는 작다고 하지만 그 지름은 1,000km나 된다. 이런 무늬는 태양 표면의 대류에 의해 형성되고 있다. 즉 태양의 내부는 표면보다 훨씬 뜨거울 것이고 뜨거운 것은 밀도가 작아 위로 올라오는 소위 '대류 현상'을 일으켜, 내부의 물질이 분수처럼 태양 표면 위로 치솟는 것이다. 올라오는 물질은 온도가 높아 더 밝게 보이고, 올라왔다가 내려가는 것은 약간 온도가 낮아 올라오는 부분보다 어둡게 보인다.

## 썰물 ebb tide ■■■

밀물에 대응되는 말로, 만조에서 간조로 될 때 수위가 낮아지면서 빠져나가는 해수의 이동이다. 썰물과 밀물의 간격은 평균 12시간 25분으로 매일 50분 정도씩 늦어진다.

## 안개 fog ■ ■ ■

안개는 대기 중의 수증기가 응결한 것이라는 점은 구름과 비슷하지만 지표면 가까이에서 응결해 떠 있는 것이다. 안개는 관측지점으로부터 1,000m 이내의 목표물이 보이지 않을 때를 말한다.

그 발생 원인에 따라 냉각에 의한 복사안개 · 활승안개, 증발에 의한 증발안개 · 전선안개로 나뉜다.

## 안시쌍성 眼視雙星 ■

서로 인접해 있는 두 별(쌍성) 중 망원경이나 육안으로 분리되어 보이는 쌍성계.

## 안정층 安定層 ■ ■

상승하는 공기 덩어리의 온도가 주변 공기의 온도보다 낮으면 밀도가 크므로 더 이상 상승하지 못하고 주위 공기 온도와 같은 고도까지 하강한다. 또 하강하는 공기의 온도가 주변 공기의 온도보다 높으면 밀도가 작으므로 더 이상 하강하지 못하고 주위 공기의 온도와 같은 고도까지 상승한다. 이와 같이 상승 또는 하강하는 공기가 원래의 위치로 되돌아가려는 기층이 안정층이다.

안정층에서는 대류가 잘 일어나지 않고 층운형 구름이 생긴다.

## 암맥 岩脈 ■ ■

지층면이나 암체에 연직 또는 연직에 가까운 모양으로 관입해 있는 판상의 화성암체로, 두께는 수cm에서 수십m, 길이는 수백m에서 수십km에 이르기까지 그 크기가 다양하다.

## 암상 岩床 ■

지층의 성층면에 거의 평행으로 관입한 판 모양의 화성암체로, 성층면과 기울어져 있는 것은 이것과 구별하여 실(sill)이라고 한다.

## 암석권 巖石圈 ■ ■ ■

암석으로 구성되어 있는 지각 표층부이며, 암권이라고도 한다. 지각과 상부 맨틀의 일부로 이루어져 있다. 상부 맨틀의 암석권은 약 100km 깊이까지이며 감람암질로 구성되어 있다. 지각은 대륙 밑에서는 상층과 하층으로 이루어져 있는데, 두께는 평균 30~40km(큰 산맥 밑에서는 50~70km)이다. 대양 밑은 하층만으로 되어 있으며 두께는 5~6km이다. 상층은 화강암질, 하층은 현무암질로 되어 있다.

## 암석의 순환 ■ ■

지각을 이루는 암석들은 처음 만들어진 그대로 있는 것이 아니라 환경의 변화에 따라 오랜 세월에 걸쳐서 끊임없이 다른 암석으로 변해가는데, 이를 암석의 순환이라 한다.

## 암영대 暗影帶 ■ ■ ■

지진이 일어났을 때 지진파가 도달하지 않는 일정한 구역. 지구가 층상 구조를 이루고 있기 때문에 그림과 같이 지진파가 굴절하거나 반사하여 진원지에서 지구 중심까지의 수직선을 기준으로 $103° \sim 142°$ 사이에는 지진파가 도달하지 못한다.

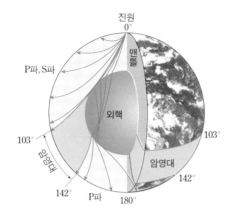

이 부분을 지진파의 암영대라고 한다. 지진파가 도달하지 못하는 암영대의 존재로 인해 외핵이 액체상태라는 것이 알려졌다.

## 암흑물질 暗黑物質 ■ ■

우주 총물질의 90% 이상을 차지하는 암흑물질은 어떤 전자기파(전파 · 적외선 · 가시광선 · 자외선 · X-선 · 감마선 등)로도 관측되지 않으며, 중력을 통해서만 존재를 인식할 수 있는 물질이다.

1978년 V. 루빈이 나선은하의 회전 속도를 관측했는데, 은하의 외곽으로 갈수록 속도가 빨라진다는 사실에서 암흑물질의 존재를 확인하였다.

즉 우리 은하의 회전 곡선을 살펴보면 은하의 외곽에서는 케플러 회전에 따르지 않고 회전 속도가 빨라진다. 이것은 은하 주변부에 관측되지 않은 많은 질량이 분포한다는 것을 의미한다.

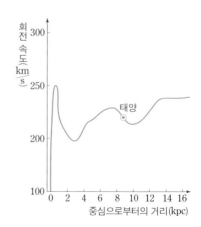

| 우리 은하의 회전 곡선 |

## 암흑성운 暗黑星雲 ■■

성운 그 자체는 빛을 내지 않지만 배후의 별이나 발광가스로부터 빛을 흡수하여 검게 보인다.

오리온자리 말머리 성운·백조자리 북아메리카 성운·남십자자리·석탄부대(coalsack) 등이 대표적이다.

## 야광운 夜光雲 ■

노르웨이·알래스카 등지의 고위도 지방에서 밤에 빛을 발하는 구름이다. 80km 부근의 높이에서 보이는 경우가 많고 빛깔은 희고 엷게 퍼지며, 모양은 권층운 또는 권적운과 비슷하다.

## 에크만 취송류 Ekman 吹送流 ■

해수면 위로 바람이 일정한 방향으로 계속해서 불 때, 바람에 의한 해수 표면의 마찰력으로 인해 생기는 해류.

스웨덴의 W. 에크만이 제창한 해류 이론의 기초이며, 이를 에크만 나선(에크만 수송)이라고

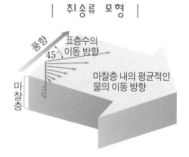

| 취송류 모형 |

한다. 에크만 나선형 분포를 마찰층 내에서 평균을 내보면 북반구에서는 풍향에 대하여 오른쪽 직각 방향으로 이동한다.

일반적으로 북반구의 취송류는 모형과 같이 표층수에 전향력이 작용하여 풍향의 오른쪽 45° 방향으로 이동하고(남반구는 반대), 속도는 풍속의 2~4%이다. 유속은 해면 근처에서 가장 강하고 수심이 깊어짐에 따라 풍향과 이루는 각은 점점 증가하며 유속은 급격히 감소한다.

### 엘니뇨 El Niño ▪▫

남아메리카 서해안을 따라 흐르는 차가운 페루 해류 속에 갑자기 따뜻한 물이 침입하는 이변 현상.

페루 해류는 남동무역풍이 2~4월을 중심으로 페루 연안을 지나가기 때문에 발생하는 해류로, 영양염류와 플랑크톤이 풍부하여 세계적인 정어리 어장을 형성한다. 그런데 무역풍이 약해지는 12~2월에는 엘니뇨 현상이 2~6년의 주기로 일어난다.

페루와 에콰도르 국경의 과야킬만(灣)에 해면 수온이 상승하는 난류가 유입되면서 물고기가 많이 잡혀 페루 어민들이 하늘의 은혜에 감사한다는 뜻으로 크리스마스와 연관시켜 아기예수의 의미를 가진 '엘니뇨'라 하였다. 엘니뇨는 에스파냐어로 '남자아이'라는 뜻도 있다. 이와 반대로 해수면 온도가 0.5℃ 이상 낮은 경우를 '라니냐'라고 하며, 그 의미는 '여자아이'이다.

### 역전층 逆轉層 ▪▫▫

일반적으로 대류권에서는 높이에 따라 기온이 낮아지지만, 높이에 따라 기온이 높아지는 기층이 있는데 이를 역전층이라 한다.

대류가 일어나지 않으며 안정된 기층으로, 새벽에 지면 부근에서 복사냉각에 의해 주로 나타난다.

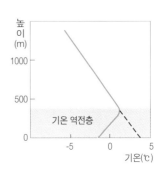

### 연니 軟泥 ▪

부유성 동식물의 유해로 이루어진 해저의 부드러운 퇴적물.

유공충으로 이루어진 석회질 연니와 방산충 · 규조 등으로 이루어진 규질 연니가 있다. 규질 연니는 석회질 연니보다 더 깊은 해저 (4,000m 이상)에 분포한다.

## 연속스펙트럼 ■ ■

어떤 파장 범위에 걸쳐 연속적으로 나타나는 스펙트럼.

분광기로 연속광을 보면, 분해능(分解能)을 아무리 높여도 선스펙트럼처럼 낱낱의 선으로는 분해되지 않고 전 파장에 대해서 연속적으로 펼쳐진 스펙트럼이 나타난다. 가열된 고체·액체에서 방출되는 빛은 연속스펙트럼이다.

## 연안류 沿岸流 ■

해안으로부터 수십km까지의 해역에서 볼 수 있는 해안과 거의 평행하게 흐르는 해류.

## 연안쇄파 沿岸碎波 ■ ■

파도가 수심이 얕은 연안 가까운 곳에 이르면 파장이 짧아지고 파고가 높아져 파도의 앞쪽이 낭떠러지처럼 되었다가 부서진다. 이와 같이 부서지는 파도를 연안쇄파라 한다. 밀려오는 파도 모양이나 해저의 경사, 지형에 따라 여러 가지로 구분한다.

## 연안 용승 沿岸湧昇 ■ ■

그림과 같이 해안선과 평행하게 바람이 불 때 북반구에서 해안선에 직각 방향으로 에크만 수송(에크만 나선)이 일어난다. 이에 따라 해안 쪽에서 이동한 해수를 보충하기 위해 심층으로부터 찬물이 올라오게 되는 현상이다.

연안 용승이 일어나면 해안은 서늘해지고 많은 영양염류가 표층으

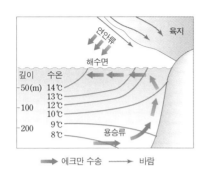

로 운반되어 플랑크톤이 많이 번식하게 된다. 이에 따라 여러 어족이 서식하게 되므로 좋은 어장이 형성된다. 캘리포니아 연안이나 페루 연안과 같은 대륙 서해안에 대표적인 연안 용승 해역이 있다.

## 연약권 軟弱圈 ■ ■ ■

지구 표면을 두께 100km 정도로 덮고 있는 단단한 암석권의 바로 밑에 있는 약한 층.

상부 맨틀에 있는 지진파의 저속도층이 이에 해당하며 호상열도 하부에서 잘 발달한다. 연약권 내에는 상부의 맨틀 물질이 부분용융 상태로 되어 있다.

## 연주시차 年周視差 ■ ■ ■

1년을 주기로 일어나는 시차.

관측자가 어떤 천체를 동시에 두 지점에서 보았을 때 생기는 방향의 차를 시차라 하는데, 그림과 같이 지구 공전에 의해 1년을 주기로 시차가 생긴다.

연주시차는 배경의 거리가 아주 먼 어두운 별을 기준으로 비교적 가까운 별에서 나타난다.

| 연주시차의 측정 |

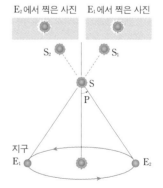

## 연주 운동 年周運動 ■■

태양의 주위를 도는 지구가 1년에 걸쳐 하는 주기적인 운동 및 그 운동에 따라 생기는 천체의 1년 주기의 겉보기 운동.

태양의 궤도면인 황도면과 적도면은 23.5° 기울어져 있기 때문에 태양의 적위도 1년 주기로 변하여 4계절이 생기게 된다.

## 연직자기력 鉛直磁氣力 ■

지구 전자기력의 연직 성분. 자침(磁針)을 지구자기의 무게 중심을 기점으로 하여 받치거나 매달리게 하면, 자침의 N극은 북반구에서는 아래를 향하고, 남반구에서는 반대로 위를 향한다. 이것은 지구 자기장이 북반구에서는 N극을 끌어당기고, 남반구에서는 N극을 밀어내는 연직의 성분을 가지고 있기 때문이다. 연직자기력은 자기 적도상에서는 0이고, 적도에서 멀어짐에 따라 점차 커지며, 남북의 두 자극(磁極) 부근에서는 최대값인 약 0.6G의 강도이다.

## 연흔 漣痕 ■■

지층의 표면에 보존되어 있는 물결 모양의 울퉁불퉁한 흔적.

바람의 작용으로 사구의 표면에 만들어지는 비대칭적인 연흔과 유수의 작용으로 하천 바닥의 모래 위에 만들어지는 대칭적인 연흔이 있다.

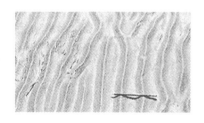

## 열곡 裂谷 ■

지구 내부의 열 분포가 불균일하여 맨틀 내에 대류가 발생하고, 대류가 용승하는 곳에 해저 산맥(해령)이 생기며 산맥의 꼭대기에는

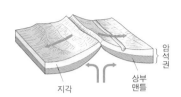

장력(張力)에 의해 지각이 갈라져 생긴 틈인 열곡(裂谷)이 발달한다. 맨틀의 대류로 물질이 상승하면서 새로운 해양 지각이 만들어지는 곳으로, 해양 지각이 확장되며 열곡이 발달한다.

## 열권 熱圈 ■ ■

대기권을 기온의 분포에 따라 구분할 때 중간권 위에 있는 층으로, 높이 80~500km 사이에 위치한다. 약 80km의 온도 극소층에서 −30℃까지 내려간 기온은 열권 속에서 고도가 높아짐에 따라 급상승하는데, 500km 근방에서 일정해진다. 공기가 희박하여 밤과 낮의 기온 차이가 심하다.

## 열극분출 裂隙噴出 ■

지각에 생긴 갈라진 틈을 따라 용암이 분출하는 것.
막대한 양의 현무암질 마그마가 지표로 분출되어 넓은 용암대지나 순상화산을 형성한다.

## 열대저기압 ■ ■

열대 지방에 발생하는 저기압이다. 그 중 중심 풍속이 17m/s 이상으로 발달된 것을 태풍 또는 허리케인이라고 한다. 일반적으로 열대 해양의 서쪽에 많이 나타나는데, 적도를 사이에 두고 남북 5° 이내에서는 거의 발생하지 않는다.
열대저기압은 온대저기압과는 달리 전선을 동반하지 않으며 등압선이 원형을 이룬다. 열대저기압의 에너지원은 수증기의 잠열이다.

## 열염분 순환 熱鹽分循環 ■

해면에서의 염분이나 열의 유입·유출에 따른 밀도차에 의해 형성되는 해수의 순환. 바람에 의해 해수가 끌려 발생하는 풍성 순환과 대비되지만, 온도나 염분 분포는 바람에 의한 이류에도 영향을 받기 때문에 풍성 순환과 엄격히 구분하기는 힘들다.

## 염분 鹽分 ■ ■ ■

바닷물 1kg에 함유되어 있는 염류의 양을 g으로 나타낸 것.
단위는 천분율인 ‰(퍼밀)을 사용한다. 해수의 염분은 증발과 강수와의 차에 대체로 비례한다. 세계 바다의 평균염분 농도는 35‰이고, 지중해·홍해·페르시아만은 38~41‰, 사해는 200‰이다.

## 염분비 일정의 법칙 law of the regular salinity ratio ■ ■ ■

해수의 지역에 따른 염분의 분포는 다르지만, 각 무기염류 사이의 상호간의 비는 일정하다는 법칙.
해수의 염분은 증발과 강수로 인한 순수한 물의 유입과 유출에 의해 달라지기 때문에 무기염류 상호간의 비는 일정하게 유지된다.

## 엽리 葉理 ■ ■

지층 구성물질의 입자 크기의 차이나 구성물질의 차이에 의해 생긴 줄 무늬로, 이암이나 사암에서 주로 발견된다. 줄 무늬 하나의 두께가 1cm 이상인 것을 층리라고 한다.

## 영년 변화 永年變化 ■

지구자기장이 오랜 시간에 걸쳐 서서히 변하는 현상.
지구자기의 분포가 매년 적도 부근의 속도로 평균 20km/년씩 서쪽으로 이동하고 있어 현재의 속도로 계속 이동한다면 2,000년 동안 지구를 한 바퀴 돌게 된다. 또한 지구자기의 세기도 점점 약해지고 있는데 지난 100년 동안 약 5% 감소되었다. 지구자기의 편각과 복각의 분포는 외핵의 유동으로 그림과 같이 영년 변화한다.

| 파리와 런던에서의 지구자기 영년 변화 |

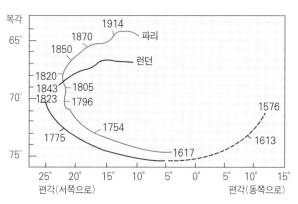

▲ 파리와 런던에서 지난 400년간 편각과 복각을 측정
했더니 편각이 약 30°, 복각이 약 20° 변하였다.

## 오로라 aurora ■ ■

태양 표면의 폭발로 우주 공간으로부터 날아온 전기를 띤 입자가 지구자기 변화에 의해 극 지방 부분의 고도 100~500km 상공에서 대기 중 산소 분자와 충돌하여 생기는 방전 현상이다. 오로라는 라틴어로 '새벽'이라는 뜻이며 극광이라고도 한다.

저위도 지방에 나타나는 오로라는 붉

은 빛깔을 띠며 먼 곳에서 불이 난 것처럼 보인다. 저위도의 오로라는 태양 활동이 활발할 때 나타나며, 자기폭풍(磁氣暴風)을 동반한다.

## 오르도비스기 Ordovician Period ■

고생대 중기에 해당하는 지질시대로 약 5억 년 전에 시작되어 6,000만~8,000만 년간 지속된 시기이다. 필석이 번성하였고 척추동물의 시조인 원시어류(갑주어)가 최초로 출현하였다.

## 오아시스 Oasis ■

사막 지방에서 바람의 작용으로 모래가 패이면서 지하수면이 노출되어 물이 고여 있는 곳이다.

## 오일러의 법칙 Euler's theorem ■■

18세기 스위스의 수학자 L. 오일러가 발견한 법칙이다.

이 법칙에 의하면 광물의 결정에서 그 꼭지점(우각)의 개수를 $S$, 모서리(능) 개수를 $E$, 결정면의 개수를 $F$라 하면 다음과 같은 관계가 성립한다.

$$S + F = F + 2$$

## 오존층 ■■

주로 성층권 상층의 오존이 밀집해 있는 층.

오존이 집중적으로 극대에 달하는 20~25km의 범위를 말한다. 오존층은 대기 속의 산소 분자가 자외선을 흡수하여 분해함으로써 발생한다. 오존층이 있기 때문에 인체·생물에 해로운 강력한 자외선이 흡수되어 지상까지 도달하지 않는다.

오존층의 높이는 대략 20~25km이지만 계절에 따라 변한다. 겨울
에서 봄에 걸쳐서는 낮고 여름에서 가을에는 높다.

## 오호츠크해 기단 ■■

늦은 봄부터 초여름에 걸쳐 우리 나라에 영향을 주는 기단.
베링해에서 흘러 내려오는 찬 해수에 의해 오호츠크해상에 발달하
는 한랭다습한 기단으로, 북태평양 기단과 만나 장마전선을 형성
한다.

## 온난고기압 溫暖高氣壓 ■

온대 지방에서 발달하는 고기압.
중심부가 상층에 이르기까지 주변보다 기압이 높다. 이동 속도가
매우 느리고 북위 $30°$~$40°$의 아열대에 그 중심을 두고 있을 때가
많으며, 여름철 우리 나라의 날씨에 영향을 주는 북태평양 고기압
은 온난고기압의 일종이다.

## 온난전선 溫暖前線 ■■

따듯한 공기가 찬 공기를 타고 오르며 형성되는 전선.
이것을 경계로 풍향 · 풍속 · 기온 · 습도 등 기상 요소들은 불연속적

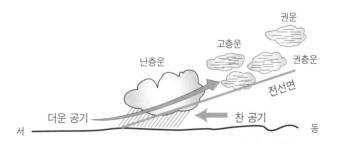

으로 변화한다. 밀도가 작은 따뜻한 공기는 찬 공기를 타고 오르는
데 경계면의 경사는 완만하여 1/100~1/150 정도이다. 온난전선
이 접근하고 있으면 온난전선이 통과하기 전에 먼저 권층운·고층
운 등이 나타나고 다음에 난층운(비구름)이 와서 비가 오게 된다.
온난전선이 통과하고 나면 기온이 올라간다.

## 온대저기압 溫帶低氣壓 ■ ■

온대 지방에서 발생하는 저기압으로, 발생 초기부터 한랭전선과 온
난전선을 동반하고 있다. 발달 과정은 다음과 같다.

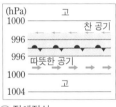

① 정체전선

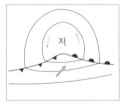

② 전선상에서 파동의 발생과
저기압성 회전의 발생

③ 온난전선 및 한랭전선의
발달과 저기압의 발생

④ 한랭전선이 온난전선보다
빨리 이동함으로써 추적하
는 과정

⑤ 폐색 과정, 저기압은
최대로 발달

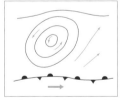

⑥ 온난역은 사라지고 저기
압은 소멸

## 온실 효과 溫室效果 ■ ■ ■

대기 중의 수증기와 이산화탄소 등이 온실의 유리처럼 작용하여 지
구 표면의 온도를 높게 유지하는 효과이다. 대기는 태양 복사는 거

의 모두 통과시키지만 장파장의 지구 복사는 흡수하는 성질이 있으므로 지표의 온도를 높이는 역할을 한다. 온실 효과가 없다면 지표의 온도는 현재보다 33℃나 낮아질 것이다.

그러나 최근 화석 연료의 과다 사용으로 이산화탄소 배출량이 많아지면서 온실 효과가 증가하고 있으며, 메탄 · 프레온 기체 등도 온실 효과를 증대시키는 중요한 요인이 되고 있다. 이로 인한 지구의 기온 상승은 가뭄이나 빙하의 용융으로 인한 해수면 상승 등 새로운 문제를 낳고 있다.

## 용암 熔岩 ■ ▪

마그마가 지표 또는 그 가까이에서 분출한 것으로, 마그마가 분출하게 되면 휘발 성분의 대부분은 가스로 빠져나가고 용암으로 된다. 용암이 굳어지면 고체 용암 또는 화산암이 된다. 용암은 다양한 화학조성을 가지며 특히 이산화규소($SiO_2$) 성분의 함유량에 따라 66% 이상의 산성인 유문암질, 53~66%의 중성인 안산암질, 45~52%의 염기성인 현무암질 용암으로 나뉜다.

분출할 때 용암의 온도는 염기성에서 산성에 가까울수록 낮다. 즉 산성인 유문암질 또는 석영안산암질 용암에서는 900~1,000℃, 중성인 안산암질 용암에서는 1,000~1,100℃, 염기성인 현무암질 용암에서는 1,100~1,200℃이다.

액체 용암의 유동성은 온도와 점성에 따라 다르다. 염기성일수록 점성이 크면서 고온이고, 유동성이 활발하면서 저온이고 산성인 유문암질 용암에서는 점성이 낮다. 고체 용암의 비중은 2.5~3.0으로 산성에서 염기성으로 갈수록 크다. 산성이고 다공질인 부석은 비중이 0.5 정도여서 물에 뜬다. 기공의 부피와 고체의 부피가 비슷한 현무암질 암괴를 '스코리아'라고 한다.

## 용암대지 熔岩臺地 ■

유동성이 큰 용암이 대량으로 유출하여 생긴 넓고 평평한 대지.
세계에서 가장 규모가 큰 용암대지는 인도의 데칸 고원(50만km²)
과 스코틀랜드 북대서양에 걸친 것(50만km²)이며, 형성시기는 중
생대 백악기로부터 신생대 제3기에 걸친 것이 많다.


## 용암동굴 熔岩洞窟 ■

용암이 지표를 흐르면서 형성된 동굴.
용암이 지표를 흐르게 되면 표면이나 밑바닥이 먼저 굳어지지만 내
부에서는 고온의 액체 용암이 흘러내리게 된다. 이 때 액체 용암의
공급이 중단되면 액체 용암이 빠져나간 자리에 용암류의 유로를 따
라 긴 구멍이 생기는데, 이를 용암터널 또는 용암동굴이라 한다. 제
주도의 만장굴·협재굴·빌레못굴 등이 용암동굴이다.


## 우각호 牛角湖 ■■

소의 뿔과 같은 모양으로 하천의 일부가 막혀서 된 호수.
사행천에서 측방침식이 진행되면 굴곡의 목이 차차 좁아져 강의 유
로가 변하고, 그때까지의 강의 일부가 떨어져서 호수가 된다. 이 호
수는 곡류의 흔적을 유지하여 반달 모양이나 쇠뿔 모양을 이룬다.


## 우주 배경복사 宇宙背景輻射 ■■■

우주 어디에서나 관측되는 복사.
1965년 A. 펜지어스와 R. W. 윌슨이 발견하였다. 이 전파는 파장
0.1mm~20cm에서 관측되는 마이크로파로, 특정한 천체로부터 오
는 것이 아니라 우주 공간에 충만된 전파의 배경을 이루는 것이다.
흑체 복사의 법칙과 우주 팽창의 법칙으로부터 우주의 크기는 그

온도에 반비례하는데, 대폭발우주론에 의하면 우주가 현재의 크기로 팽창 냉각하여 3K에 해당하는 배경복사를 방출한다.

▶그림 참조 → 대폭발우주론

### 운모 雲母 ■ ■

석영 · 장석과 함께 화강암을 구성하는 조암광물.

돌비늘이라고도 한다. 층상 구조를 가지며, 보통은 육각판상의 결정형이다. 완전한 쪼개짐이 있어서 아주 얇게 벗겨진다.

### 운석 隕石 ■ ■

유성체가 대기 중에서 다 타지 못하고 지상으로 떨어진 것. 석질 운석과 철질 운석이 있다. 현재까지 발견된 운석은 약 1,600개로 거대한 운석이 낙하하면 운석 구덩이가 형성된다.

배링거 운석 구덩이

### 원시별

성간물질에서 탄생하는 초기 단계의 별로, 질량은 태양의 수십 배에서 1/10 정도이다. 성간물질의 수축에 의해 온도가 높아지면 빛을 내며 더욱 수축하여 중심부에서 핵 반응이 일어난다. 반응이 시작되면 수축은 정지하고 주계열 단계로 진화한다.

### 운형 雲形 ■

구름의 모양. 일반적으로 오른쪽 표와 같이 10종으로 분류한다.

| 구 분 | 운 형 | 국 제 명 | 국제기호 |
|---|---|---|---|
| 상 층 운<br>5~13km | 1. 권 운<br>2. 권적운<br>3. 권층운 | Cirrus<br>Cirrocumulus<br>Cirrostratus | Ci<br>Cc<br>Cs |
| 중 층 운<br>2~7km | 4. 고적운<br>5. 고층운<br>6. 난층운 | Altocumulus<br>Altostratus<br>Nimbostratus | Ac<br>As<br>Ns |
| 하 층 운<br>0~2km | 7. 층적운<br>8. 층 운 | Stratocumulus<br>Stratus | Sc<br>St |
| 수직으로<br>발달하는 구름<br>0.5km 이상 | 9. 적 운<br>10. 적란운 | Cumulus<br>Cumulonimbus | Cu<br>Cb |

## 원심력 遠心力 ■

원 운동을 하고 있는 물체에 나타나는 관성. 즉 관성계에 대해 일정한 각속도 $\omega$로 회전하고 있는 좌표계에 나타나는 관성력이다. 가령 전차가 커브를 돌 때 승객이 커브 바깥쪽으로 튕겨나가는 듯한 힘을 느낄 수 있는데, 이것이 바로 원심력이다. 구심력과 크기는 같고 방향은 반대이며, 원의 중심에서 멀어지려는 방향으로 작용한다.

## 원추화산 圓錐火山 ■

화산체의 형태가 원추형인 화산이며 성층화산이라고도 한다. 용암류와 화산쇄설물이 번갈아 쌓여서 형성된 화산이다. 안산암질 또는 현무암질 용암을 분출하는 화산에 많고 세계적으로 큰 화산, 즉 필리핀의 메이온 화산이나 일본의 후지산 등이 있다.

## 월식 月蝕 ■ ■ ■

달이 지구의 그림자에 가려 보이지 않게 되는 현상.

망일 때 일어나며 황도와 백도가 약 5° 경사져 있으므로 매달 일어
나지 않고 1년에 한두 번 일어난다.

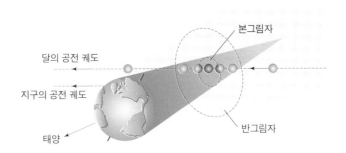

본그림자

달의 공전 궤도

지구의 공전 궤도

태양

반그림자

## 유성 流星 ■ ■

유성체가 지구의 인력에 끌려 낙하하면서 지상 수십km~백 수십
km의 고공에서 대기와 충돌 · 발열하여 빛을 내는 것이다. 별똥별
이라고도 한다. 유성체는 1mm~1m에 이르기까지 다양하고, 유성
의 밝기로 평균밀도가 0.2~1g/cm³임을 알 수 있었다.

유성체는 초속 약 12~72km 범위의 속도로 지구 대기에 돌입하는
데, 지구의 공전으로 자정 전보다는 자정 후에 더 많이 보인다.

## U자곡 ■ ■

빙하의 침식 작용으로 생긴 U
자 모양의 골짜기로, 빙식곡이
라고도 한다. 빙하가 이동할 때
측각침식이 활발하게 일어나 U
자곡이 형성된다. 해안의 U자

곡이 침강하여 해수가 U자곡으로 들어온 상태를 피오르드(fjord)라
하며, 그 해안을 피오르드식 해안이라 한다.

## 유질동상 類質同像 ■ ■

성질은 비슷하지만 모양이 똑같다는 뜻으로 광물 중에서 화학성분
은 다르지만 일부 공통된 성분이 있어 서로 같은 결정형을 갖는 물
질을 가리킨다.

## 6정계 六晶系 ■

광물의 결정형을 축의 길이와 축각에 의해 분류한 것이다.
결정축은 보통 a, b, c의 세 축으로 표시하며, 축과 축이 이루는 각
은 a∧b=γ, b∧c=α, a∧c=β로 표시한다.

| 결 정 계 |

|  | 등축정계 | 정방정계 | 육방정계 | 사방정계 | 단사정계 | 삼사정계 |
|---|---|---|---|---|---|---|
| 결정계의 요소 | $a=b=c$<br>$\alpha=\beta=\gamma=90°$ | $a=b\fallingdotseq c$<br>$\alpha=\beta=\gamma=90°$ | $a_1=a_2=a_3\fallingdotseq c$<br>$a\perp c,\ \theta=60°$ | $a\fallingdotseq b\fallingdotseq c$<br>$\alpha=\beta=\gamma=90°$ | $a\fallingdotseq b\fallingdotseq c$<br>$\alpha=\gamma=90°$<br>$\beta\fallingdotseq 90°$ | $a\fallingdotseq b\fallingdotseq c$<br>$\alpha\fallingdotseq 90°,\ \beta\fallingdotseq 90°$<br>$\gamma\fallingdotseq 90°$ |
| 결정형 | 정육면체<br>정팔면체 | 정사각기둥 | 정육각기둥 | 직육면체 | 찌그러진<br>육면체 | 찌그러진<br>육면체 |
| 예 | 암 염<br>금강석 | 황동석<br>저어콘 | 석 영<br>방해석 | 황<br>감람석 | 정장석<br>운 모 | 사장석<br>조장석 |

## 은하단 銀河團 ■

수백 개 이상의 외부 은하로 구성된 은하 집단.

수십 개의 소규모적인 것은 은하군이라 한다. 우리 은하는 처녀자리 은하단에 속한다.

### 은하 분류 銀河分類 ■ ■ ■

허블의 모양에 따른 분류를 주로 사용한다. 다음 그림과 같이 나선은하, 타원은하, 불규칙은하로 구분한다 우리 은하는 정상나선은하에 속한다. 타원은하는 편평도에 따라 E0~E7로 세분하고, 나선은하는 나선팔이 휘감긴 정도에 따라 a, b, c의 3가지 형으로 세분한다.

| 허 블 의 은 하 분 류 |

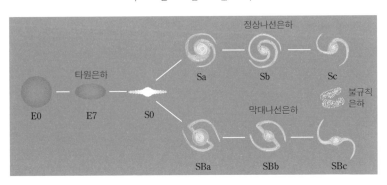

### 은하수 銀河水 ■ ■

원반형의 우리 은하에서 볼 때 별의 대부분은 원반면을 따라 엷은 층 속에 있으므로 면을 따라서 온 하늘을 휘감는 희미한 별

의 띠, 즉 은하수가 생기게 된다. 은하수의 너비나 밝기는 균일하지 않고 불규칙적인 모양의 암흑부나 한층 밝은 부분이 뒤섞여 있다. 은하가 별의 모임이라는 것을 처음 망원경으로 확인한 사람은 G. 갈릴레이이다.

## 응결고도 凝結高度 ■■

수증기로 포화되지 않은 공기가 단열팽창하면서 상승할 때, 기온이 이슬점 이하로 내려가며 구름이 생기기 시작하는 높이.

지상에서의 기온이 $t$℃, 이슬점이 $t_d$인 공기의 상승응결고도 $H$는 $H = 125(t - t_d)$가 된다.

한편, 상승하는 공기가 단열 변화하여 주위의 기온과 같아질 때까지 상승하므로 구름의 두께는 그림의 D−E가 된다.

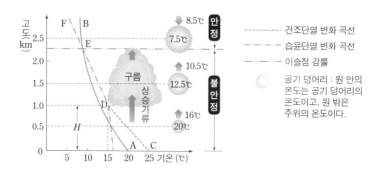

## 응결핵 凝結核 ■■

대기 중에서 수증기가 응결하여 구름이 생성되는 경우에 중심핵이 되는 고체나 액체 입자.

대략 공기 1cm³ 중에 수백~10만 개가 있는 것으로 추정된다. 대기 중에 존재하는 응결핵으로는 바닷물의 물보라가 증발하고 남은 해

염 입자, 연소에 의해서 생긴 미세한 입자나 연기 입자, 지면에서
바람에 날려 올라간 토양의 미세입자 등이 있다.

## 응집설 凝集說 ■

태양계의 기원설 중 태양이 성간운을 지날 때 주위의 성간물질을
포획하여 행성이 형성되었다는 이론이다. 행성의 공전 속도가 현재
보다 작아야 된다는 모순이 있다.

## 이각 離角

지구의 관측자가 볼 때 태양과 어느 천체가 이루는 각.
내행성의 경우, 즉 수성이나 금성의 경우 태양에서 가장 멀리 떨어
져 보일 때를 최대이각이라 한다.

## 이류안개 移流 - ■

수증기를 많이 함유한 따뜻한 공기가 차가운 해면이나 지표면 위를
이동할 때 생기는 안개이다. 지표면으로부터 열을 빼앗기면 이슬점
이하로 냉각되기 때문에 안개가 발생한다. 한류와 난류가 맞나는
해역에서 주로 발생된다.

## 이상기상 異常氣象

기온 · 기압 등의 기상 요소 값이 대체적으로 30년 동안에 한 번 정
도로 예년값과 차이가 날 때의 기상상태.

## 이슬점 dew point ■ ■ ■

수증기로 포화되지 않은 공기를 냉각시키면 100%의 상대습도가
되어 포화상태에 도달하는데, 이 때의 기온을 이슬점이라 한다.

공기가 이슬점 온도 이하로 냉각되면 여분의 수증기는 응결하여 물방울이 된다.

## 이언 eon ■

지질시대 구분단위에서 가장 긴 시간단위.

생물이 살았던 흔적이 없거나 판별하기 힘든 은생이언과 생물의 화석이 발견되기 시작한 캄브리아기 이후의 현생이언으로 구분한다.

## 익곡 溺谷 ■

육지의 계곡이 침강하거나 해면 상승으로 바닷물이 침입하여 생긴 지형.

계곡을 따라 바닷물이 침입하게 되면 그 지형의 형태나 지반 운동의 양식에 따라 여러 가지 형태를 나타내지만, 일반적으로 능선은 반도가 되고 봉우리는 섬이 된다. 이렇게 톱니 모양의 복잡한 해안선이 생기고 리아스식 해안이 만들어진다. 우리 나라의 경우 한강 · 대동강 하구가 대표적이다.

또 곡빙하에 의한 U자곡이 익곡으로 바뀌면 노르웨이의 해안에서 볼 수 있는 협만(피오르드)이 생긴다.

## 인공강우 人工降雨 ■■

인공적인 방법으로 비를 내리게 하는 것이다. '구름씨 뿌리기' 라고도 하는데, 구름씨로는 드라이아이스나 요오드화은이 사용되어 이것들을 구름에 뿌리게 된다. 구름 방울의 병합을 촉진시키기 위해 구름 속에 가는 물방울이나 흡습성이 높은 염분 입자를 뿌리는 등의 방법도 있는데, 이 때는 비행기나 기구 또는 산을 넘어가는 기류 등을 이용해서 구름씨를 뿌린다.

1946년 미국의 I. 랭뮤어와 V. J. 셰이퍼가 이 실험에 성공한 후 세계 각국에서 많은 실험을 했으며 1995년에는 우리 나라에서도 실시하였다.

### 일기도 日氣圖 ■■■

기압·기온·풍향·풍속 등의 기상 요소를 일기기호로써 지도에 나타낸 것이다. 일기기호에는 다음과 같은 것이 쓰인다.

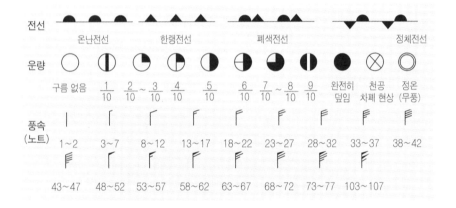

### 일식 日蝕 ■■

달에 의해 태양이 가리는 현상.

태양 전부가 가리는 개기일식과 태양 일부분이 가려지는 부분일식이 있다. 개기일식 때에는 코로나(corona)를 관측할 수 있다.

### 일주권 日周圈 ■■

지구의 자전 운동에 의한 천체들의 겉보기 운동 경로이다. 관측자의 위도에 따라 그림과 같이 다양하게 나타난다.

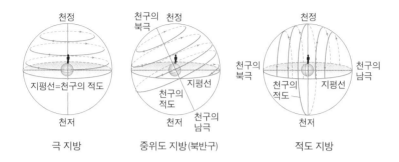

| 극 지방 | 중위도 지방(북반구) | 적도 지방 |

## 일주 운동 日周運動 ∎∎∎

지구의 자전에 따른 천체의 겉보기 운동.

일주 운동에 의해 별들은 천구의 북극을 중심으로 동심원을 그린다. 관측자의 위도를 $\varphi$라 할 때 $(90-\varphi)°$보다는 작은 적위를 가진 천체는 동쪽에서 떠서 서쪽으로 지는 출몰성이지만, 이보다 큰 적위를 가진 천체는 지평선 아래로 지는 일이 없는 주극성이 된다.

## 임계밀도 臨界密度 ∎

우주론에서 우주가 열린 우주가 될 것인지 닫힌 우주가 될 것인지를 결정해 주는 우주의 밀도로 $10^{-29}\text{g/cm}^3$ 정도이다. 우주의 밀도가 이보다 크면 어느 정도 팽창하다가 다시 수축하는 닫힌 우주가 되며, 이보다 작을 때는 계속 팽창하는 열린 우주가 된다.

## 자기장 磁氣場 ■■

자극 주위나 전류가 지나는 도선 주위에 생기는 자기력이 작용하는
공간.
지구자기장은 지구 자전축에 대하여 약 11° 정도 기울어져 영구 자
석이 있는 것처럼 그림과 같이 자기장이 형성되어 있다.

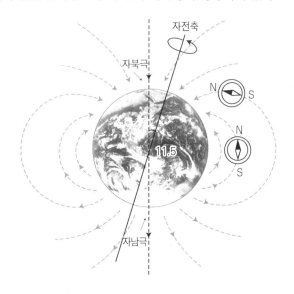

## 자기 적도 磁氣赤道 ■

지구상에서 지구자기장의 복각이 0이 되는 지점을 연결한 선.
지리상의 적도와 일치하지 않으며, 아시아 대륙에서는 약 10° 북쪽
에 나타난다.

## 자기폭풍 磁氣暴風 ■ ■

지구자기장이 짧은 시간 동안에 불규칙적으로 일어나는 변동.

지구자기는 일변화와 영년 변화가 있다. 1741년 스웨덴의 천문학자 A. 셀시우스가 오로라의 발생에 따라 지구자기가 변동하는 것을 발견한 후 영국·스웨덴 등에서 연구되었다.

처음 몇 분간은 수평·수직의 자기력에 변화가 나타나고, 계속해서 주기가 짧은 강하고 불규칙한 변화가 몇 시간에서 몇 일까지 이어진다. 자기폭풍이 일어나면 전리층이 변화하여 단파통신에 장애를 준다. 태양의 흑점 수 변화와 밀접한 관계에 있고, 자기폭풍의 주기는 태양의 흑점 수 변화주기와 같은 약 11년의 것과 태양의 자전주기와 같은 약 27일의 2가지가 있다.

1935년 J. H. 델린저는 자기폭풍에 의한 통신 장애를 발견하여 '델린저 현상'이라 하였다.

## 자북 磁北 ■

지구자기장의 북극. 현재 자북의 위치는 대략 북위 77.3°, 서경 101.8°의 지점에 위치한다.

## 자오선 子午線 ■ ■

천구상에서 지평선과 수직인 수직권 중에서 남점과 북점을 연결하는 대원.

천체의 방위각과 시각을 측정하는 기준이 된다. 자오는 12지의 자의 방향 즉 북과, 오의 방향 즉 남을 연결하는 선이라는 뜻이다. 천체가 일주 운동을 하며 자오선을 통과할 때 '자오선 통과'라 하고, 고도는 극대값에 이른다. 자오선 통과를 '남중'이라고도 한다.

▶ 그림 참조 → 수직권

## 자유대기 自由大氣 ■

지표면의 영향을 받지 않는 지상 1~1.5km보다 상공의 대기.

일기의 변화는 대류권 중의 자유대기 영역에서 발생하는 운동의 결과로 간주되는데, 구름의 발생과 눈 · 비의 강수는 대부분 이 영역에서 이루어진다.

## 자철석 磁鐵石

등축정계에 속하는 광물로 마그네타이트(magnetite)라고도 한다. 화학성분은 $Fe_3O_4$이다. 흑색이며 불투명하고, 쪼개짐은 분명하지 않다. 굳기 5.5~6.5, 비중 4.9~5.2이다. 천연으로 강한 자성을 가지고 있어 자석으로 이용된다.

▶ 등축정계 → 6정계

## 장마전선 ■ ■ ■

북태평양 고기압과 오호츠크해 고기압 사이에 형성되는 정체성이 강한 한대전선.

우리 나라의 장마는 북태평양 고기압의 확장과 함께 장마전선이 북상해 오는 시기로, 해마다 일정하지는 않지만 장마철은 대체로 6월 하순부터 7월 하순까지 걸쳐 있다. 장마전선은 6월 하순 남해안 지방에 걸치기 시작하여 7월 중순경에는 북위 36° 부근에 도달하고 7월 하순에는 중국과의 국경 부근까지 올라가기도 한다.

장마전선이 우리 나라에 걸치면 만주 지방과 양쯔강 유역에 저기압이 나타난다. 동서로 가로놓이는 장마전선을 따라 2~3일 주기로 양쯔강 쪽에서 약한 저기압이 동진해 오는 경우를 흔히 볼 수 있는데, 특히 이 때 우리 나라에 비가 많이 내린다. 그러나 만주 지방의 저기압은 오호츠크해 고기압에 가로막혀 정체상태에 머물기 쉽다.

장마전선대에는 북태평양 고기압의 고온다습한 공기가 오호츠크해 고기압의 한랭다습한 북동기류를 타고 상승하기 때문에 구름이 생기며 비가 오는 구역이 장마전선의 북쪽에 주로 형성된다. 비가 오는 구역의 너비는 약 300km, 구름이 끼는 구역의 너비는 약 700km에 이른다.

## 저기압 低氣壓 ■ ■ ▪

주변보다 기압이 낮은 곳. 북반구에서는 주변에서 바람이 반시계 방향으로 불어 들어오기 때문에 상승기류가 발달하여 구름이 끼고 날씨가 흐리다. 온대 지방에서 발달하는 온대저기압과 열대 지방에서 발생하는 열대저기압이 있다.

## 저반 底盤 ■ ■ ▪

면적이 보통 100km² 이상인 지표에 노출된 거대한 심성암체. 그보다 작은 규모의 것은 암주(岩株)라고 한다. 대규모의 마그마가 관입하여 형성된 것으로 마그마가 서서히 냉각되어 조립질 조직을 보인다. 화강암 또는 섬록암이 많다.

## 저탁류 低濁流 ■

해저 지진이나 태풍우로 해저에 쌓여 있던 퇴적물이 떠올라 형성된 흙탕물이 한꺼번에 해저의 경사진 면을 따라 흘러내리는 흐름이다. 이와 같이 운반되어 다시 퇴적된 물질을 터비다이트(저탁류 퇴적물)라고 한다.

1929년 알래스카의 앞바다 그랜드뱅크스에서 지진이 일어났을 때 지진 발생 후 일정한 시간을 두고 해저의 전선이 차례로 끊어졌는데, 이 원인이 저탁류 때문인 것으로 밝혀졌다.

## 적경 赤經 ■■

천구상의 천체 위치를 나타내는 적도좌표에서 지구상에서의 경도에 해당하는 값.

춘분점을 기준으로 동쪽으로 $0°$에서 $360°$, 또는 0시에서 24시로 표시한다. 천체의 자오선 통과의 시각을 지방항성시로 나타내면 그것이 그 천체의 적경값에 해당한다.

▶ 그림 참조 → 적도좌표

## 적도 기단 赤道氣團 ■

적도 지방에서 발생한 기단으로, 고온다습하고 불안정한 것이 그 특징이지만 대륙성인지 해양성인지에 따라 약간의 차이가 있다.

계절에 따라 적도무풍대가 북상 또는 남하하게 되므로 그 발원지도 어느 정도 남북으로 이동한다.

## 적도무풍대 赤道無風帶 ■■

적도 지방 북동무역풍대와 남동무역풍대 사이에 낀 열적도 부근의 지대.

상승기류가 발달하므로 바람이 약한 곳이며, 바람이 약하지만 많은 구름이 생기므로 호우나 뇌우가 발생하는 경우가 많다.

## 적도 반류 赤道反流 ■

남적도 해류와 북적도 해류 사이, 즉 북위 $3°\sim10°$ 부근을 서에서 동으로 흐르는 해류.

무역풍 때문에 적도 부근의 대양 서쪽에 해수가 쌓여 해수면 경사에 의해 생긴 해류이다. 적도무풍대에 유속 $1\sim3$노트, 두께 약 $100\sim200m$의 서에서 동으로 흐르는 적도 반류가 생긴다.

## 적도의 赤道儀 ■

천체망원경을 장치하는 가대의 방식.

적도좌표에 의한 적경과 적위의 두 방향으로 움직일 수 있는 두 개의 축으로 구성되어 있다. 지구 자전축에 평행한 극축과 그것에 직각인 적위축으로 망원경을 설치하고, 극축은 적경 방향의 운동을, 적위축은 적위 방향의 운동을 하게 함으로써 일주 운동에 의한 별의 추적이 쉽도록 한 것이다.

## 적도좌표 赤道座標 ■ ■

천구상에서 천체의 위치를 나타내기 위해 쓰이는 구면 좌표.

기준이 되는 면은 하늘의 적도이다. 천구의 적도와 황도면과의 교점이 되는 춘분점을 경도의 원점으로 잡는다. 서쪽에서 동쪽으로 측정한 경도를 적경이라 하고 천구의 적도면에서 북쪽을 +로, 남쪽을 −로 하여 $0\sim90°$ 까지의 각으로 나타낸 것을 적위라 한다.

적도좌표의 값은 기준점이 천구상에 있기 때문에 일주 운동에 의해 변하지 않는다. 이처럼 시간과 장소에 따라 좌표값이 변하지 않기 때문에 천체의 위치를 나타내는 데 가장 널리 쓰인다.

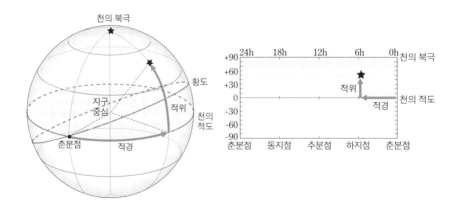

## 적도 해류 赤道海流 ■

적도 부근에서 동에서 서로 흐르는 해류.

태평양과 대서양에서는 북위 8°~23° 부근에서 볼 수 있는 북적도 해류와, 남위 20°~북위 3° 부근에서 흐르는 남적도 해류로 나누어 진다. 모두 무역풍에 의해 형성된 취송류이다.

## 적색 거성 赤色巨星 ■■

별의 진화 과정 중 마지막 단계에서 지름이 태양의 수십 배 내지 수천 배로 커지고, 스펙트럼형은 주로 M형 · K형이며 표면온도가 낮은 별.

별이 주계열의 단계를 통과하면 핵 융합 반응에 의해 중심부에 수소 대신 헬륨핵이 생기고 별의 반지름은 크고, 표면온도가 낮으며 절대등급이 높은 적색 거성 단계에 도달한다.

## 적색편이 赤色偏移 ■

천체의 스펙트럼선이 원래의 파장에서 파장이 약간 긴 쪽으로 치우쳐 나타나는 현상.

후퇴하는 천체들에서 도플러 효과에 의해 나타나는 것으로, 편이량을 조사하면 시선 방향의 후퇴 속도를 측정할 수 있다.

즉 광속을 c, 원 파장을 $\lambda$, 적색편이량을 $\Delta\lambda$라 하면 후퇴 속도 $Vr$은 $c \times \Delta\lambda/\lambda$가 된다.

## 적설량 積雪量 ■■

지면에 쌓인 눈의 깊이를 cm로 나타낸 값.

기상관측을 할 때 관측소 주위 지면의 1/2 이상이 눈으로 덮여 있어야 적설이 있다고 한다. 적설계를 설치하고 눈이 쌓인 깊이로 그

양을 나타낸다.

## 적위 赤緯 ■■

천구상의 천체 위치를 나타내는 적도좌표에서의 지구상의 위도에 해당하는 좌표값.

북극의 적위는 $+90°$, 남극은 $-90°$로 나타난다. 자오선 통과시에 고도 또는 천정거리를 측정하면 천체의 적위를 구할 수 있다.

천체의 적위를 $\delta$, 남중고도를 h, 관측자의 위도를 $\varphi$라 하면 다음과 같은 관계가 성립한다.

$$h = 90 - (\varphi - \delta)$$

▶ 그림 참조 → 남중고도, 적도좌표

## 적조 현상 赤潮現象 ■■

특정한 조류(藻類)의 폭발적인 증식으로 인해 해수가 붉은 빛을 띠는 현상.

수온 상승이나 대량의 담수 유입으로 인한 영양염류의 급증, 해수의 혼합이 잘 일어나지 않는 경우 등에 발생한다. 적조를 일으키는 조류는 주로 편모조류·규조류·야광충 등인데 적색 세균·남조류 등에 의해 생기기도 한다.

적조로 인한 바닷물의 색은 보통 붉은 색이지만, 플랑크톤의 종류에 따라서 황갈색·황록색·암자색을 띠는 경우도 있다. 적조가 발생하면 해수의 용존산소량이 부족해져 어패류가 폐사한다.

## 적철석 赤鐵石 ■

화학성분은 $Fe_2O_3$이다. 순수한 것은 70%의 철과 다소의 티탄 (titanium)을 함유한다. 결정형을 나타내는 것은 대개 연회색 또는

철흑색이다. 금속광택이 강하고 쪼
개짐은 없으며, 패각상 또는 불평
탄상의 깨짐을 보인다. 굳기는
5.5~6.6이고, 비중은 4.9~5.3이
며, 조흔색은 모두 적갈색이다.

### 전기석 電氣石 ■

철·마그네슘·알칼리금속 등과 알루미늄의 복잡한 성분으로 된
규산염광물로 육방정계에 속한다.

6각 또는 9각, 때로는 3각 주상을 이룬다. 쪼개짐은 분명하지 않고
불평탄상 또는 패각상의 깨짐이 나타난다. 굳기 7.0~7.5, 유리광
택 또는 수지광택이 있다. 석영·백운모·장석 등과 함께 화강암질
페그마타이트 광상에서 산출된다.

### 전리층 電離層 ■■

지구 대기권에서 전자가 밀집되어 있는 공간.

지표에서 약 50km 이상인 고도의 대기는 전체적으로 중성이나 전
자 또는 양이온이 많이 존재하는데, 이 부분을 전리층이라고 한다.
이 전리층은 전자밀도의 수직분포 모양에 따라서 D, E, F의 세 영
역으로 크게 나눌 수 있다.

D층은 90km 이하의 부분으로, 이 영역에서는 밤에 이온화가 사라
진다. D층은 장파를 반사한다. E층은 90~160km 고도에서 대기
분자가 주로 이온화한 상태에 있는 영역이며, 단파를 반사한다.

F층은 160km 고도 이상에서 나타난다. 대부분 대기 원자가 이온
화된 상태로 있는 영역이다. 이 영역 내에서는 F층(야간)과 $F_1$, $F_2$
층(주간)이 형성된다. F 영역은 단파를 반사하므로 원거리 통신에

중요한 층이다.

전리층은 태양에서 오는 자외선과 X선의 작용에 의해 형성된다. 전리층 각 영역의 최대밀도·높이 등의 여러 요소는 일변화·계절 변화 및 태양 활동에 따라 변한다.

## 전몰성 全沒星 ■

하루 종일 지평선 위로 떠오르지 않는 별.

지구의 자전 운동에 의해 별이 천구의 북극을 중심으로 일주 운동을 하고 있다. 이 때 그 지방의 위도를 $\varphi$라 하면 별의 적위가 $-90°\sim-(90-\varphi)°$ 범위에 있는 별들은 그림에서 보듯이 하루 종일 지평선 위로 떠오르지 않는다. 이들을 전몰성이라 한다.

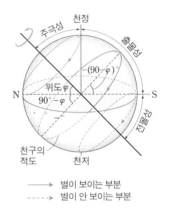

→ 별이 보이는 부분
--→ 별이 안 보이는 부분

## 전선 前線 ■ ■ ■

밀도가 큰 차가운 기단과 밀도가 작은 따뜻한 기단과의 경계면이 지표면과 만나 생기는 선.

서로 다른 두 기단이 만나면 밀도가 큰 기단이 밀도가 작은 기단 밑에 들어가려고 하지만, 지구 표면상에서는 전향력과 원심력 때문에 전선면은 지표면에 대해 수평이 되지 않고 경사를 이룬다. 이 경사는 온난전선에서 약 1/150, 한랭전선에서 약 1/50로 전선의 종류에 따라 다르다. 두 기단의 온도차가 작거나 전선의 평행한 성분의 풍속 차이가 클수록, 고위도에 있는 전선일수록 경사가 커진다.

| 전선의 종류 |   전선에는 온난전선, 한랭전선, 정체전선, 폐색전선 등이 있다.

① 온난전선 : 온난기단의 세력이 한랭기단의 세력보다 클 때 온난기단으로부터 한랭기단 쪽으로 전선이 이동한다. 이 전선을 온난전선이라고 한다. 넓은 지역에 걸쳐 층운형의 구름이 생기며 보슬비가 오랫동안 내린다. 북반구 중위도 지역에서 이 전선이 통과한 후에는 남풍이나 남서풍이 불고 기온이 올라간다.

② 한랭전선 : 한랭기단의 세력이 온난기단의 세력보다 크면, 한랭기단에서 온난기단 쪽으로 전선이 이동하는데, 이 전선을 한랭전선이라고 한다. 한랭전선이 형성되면 소나기가 내리기도 하고 번개가 치거나 우박이 내릴 때도 있다.

③ 폐색전선 : 속도가 느린 온난전선을 속도가 빠른 한랭전선이 따라잡아 겹치면 폐색전선이 생긴다. 이 때 두 전선에 속한 한랭기단 중에 어느 쪽이 더 찬가에 따라 날씨가 달라진다. 대체로 기온이 낮아지고 오랫동안 비가 내린다.

④ 정체전선 : 한랭기단과 온난기단의 세력이 비슷하여 전선이 이동하지 않고 머물러 있을 때를 정체전선이라고 한다. 정체전선이 발달해 있는 지역은 날씨가 흐리고 비가 자주 내린다. 해마다 7월경 우리 나라에 발생하는 장마전선이 정체전선에 속한다.

**전선안개** ■

전선면에서 생기는 안개.

한랭전선면에서는 찬 기단과 더운 기단이 만나는 전선면에서 응결 현상이 일어나 비가 만들어지면 찬 공기 쪽으로 강

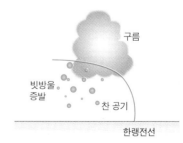

구름

빗방울
증발

찬 공기

한랭전선

수가 있게 된다. 이 때 따뜻한 빗방울에서 증발이 일어나며 공기 중으로 수증기가 첨가되어 안개가 형성된다. 이를 전선안개라 한다.

## 전자기력 電磁氣力 ■

지구가 가진 자기적 성질을 지구자기라 하는데, 지구자기가 갖는 힘의 크기를 전자기력이라 한다. 전자기력은 지구자기의 3요소, 즉 편각, 복각, 수평자기력으로 나타낸다.

## 전파은하 電波銀河 ■■

강한 전파를 방출하는 외부 은하.
가시광선으로는 어둡게 보이더라도 강한 전파를 방출하는 은하를 전파은하라 한다. 전파망원경으로 관측할 수 있다.
타원은하나 준성들이 전파원이 되는 경우가 많고, 활동적인 은하핵을 가지고 있는 경우가 대부분이다. 전기적인 성질을 띤 입자들이 은하의 자기장을 따라 준광속으로 나선 운동을 할 때 발생하는 비열적 복사로부터 방출되는 것이며, 수cm에서 수m의 파장을 가지고 있다.
전파은하에는 이중전파원이 많다. 은하 중심의 어떤 강력한 활동 때문에 은하 중심에서 제트의 형태로 은하의 회전축을 따라 반대 방향으로 물질이 방출되는 것처럼 보인다. 전파를 방출하는 영역은 매우 크지만 눈에 보이는 은하는 상대적으로 작게 보이는 경우가 많다.

## 전향력 Coriolis' force ■■■

1828년 프랑스의 G. G. 코리올리가 이론적으로 유도하여 '코리올리의 힘'이라고도 한다.

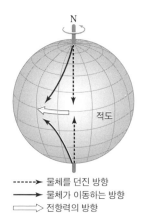

----▶ 물체를 던진 방향
——▶ 물체가 이동하는 방향
⟹ 전향력의 방향

회전하는 운동계에서 운동하는 물체를 관측할 때 나타나는 겉보기의 힘이다. 지구상에서는 지구의 자전으로 북반구에서는 물체가 운동하는 방향의 오른쪽으로 전향력이 작용한다. 전향력의 크기는 극 지방에서 최대이고, 적도 지방에서 최소이다.

그림과 같이 북극에서 적도 지방을 향하여 물체를 발사했을 때, 물체가 이동하는 동안에 지구의 자전으로 지구상의 관측자에게는 물체를 던진 방향보다 오른쪽으로 휘어져 이동하는 것으로 관측된다. 즉 물체를 던진 방향에 대해 북반구에서는 오른쪽으로, 남반구에서는 왼쪽으로 힘이 작용하는 것처럼 운동하게 되는데, 이 때의 가상적인 힘이 전향력이다.

### 절대등급 絶對等級 ■ ▪

별의 밝기는 거리의 제곱에 반비례하여 어두워진다. 즉 어떤 별에서 1pc(파섹)과 2pc 떨어진 지점에서의 밝기를 비교한다면, 1pc인 지점에서는 별에서 방출된 빛이 $1cm^2$에 모두 도달하지만 2pc인 지점에서는 $4cm^2$에 같은 양의 빛이 도달하므로 단위면적당 도달하는 빛의 양은 1/4이 된다. 결국 거리의 제곱에 반비례하여 별의 밝기

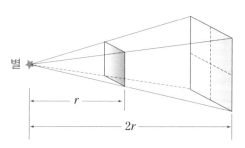

별

$r$

$2r$

가 어두워짐을 알 수 있다.

이와 같이 모든 별의 거리가 다르기 때문에 어떤 별의 등급은 그 별의 실제 밝기를 나타내지 못하게 된다. 따라서 모든 별을 일정한 거리 10pc에 있다고 가정하고 등급을 환산하였는데, 이것이 절대등급이다.

## 절대습도 絶對濕度 ■

단위부피당 공기 중에 포함된 수증기량.

이에 비해 상대습도는 최대로 포함할 수 있는 포화수증기량에 대하여 현재 포함되어 있는 수증기량의 비를 백분율로 나타낸 것이다. 절대습도는 보통 공기 $1m^3$ 내에 포함된 수증기의 양을 g으로 나타낸다.

기온이 높을수록 포화수증기량이 증가하므로 일반적으로 기온이 높은 여름철에는 절대습도가 높고, 기온이 낮은 겨울철에는 낮다.

## 절대연대 絶對年代 ■■■

지질학적 사건의 발생시기를 연 단위로 표시한 것.

일반적으로 방사성 원소의 붕괴에 필요한 시간(반감기)을 이용하여 절대값을 구한 것으로, 암석 · 광물 · 화석 등의 형성시대를 연 단위로 추정하여 결정한다.

방사성 원소는 일반 원소와 달리 줄어드는 비율이 다르다. 반감기를 한 번 지나면 원래 양의 1/2이 남고, 두 번 지나면 1/4, 세 번 지나면 1/8이 남는다. 특정 광물이나 암석에 포함되어 있는 방사성 원소와 이 원소가 붕괴하여 생성된 안정한 원소의 양 및 방사성 원소의 반감기를 알면 그 광물이나 암석이 생성된 연령을 추정할 수 있다.

절리 節理 ■

암석에 힘이 가해져서 생긴 갈라진 틈.

단층과 다른 점은 상대적인 이동이 없다는 것이다. 화성암의 경우
에는 마그마가 냉각할 때 수축되어 형성된 방사상절리 · 판상절리 ·
주상절리 등이 있다. 퇴적암의 경우는 판상절리가 많다.

점이층리 漸移層離 ■ ■

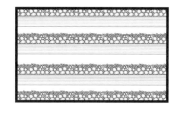

퇴적물 입자의 크기가 밑에서 위
로 갈수록 작아지는 층리.

주로 밑에는 모래가 위에는 점토
층이 퇴적되어 있다. 저탁류에 의
해 흘러 내려온 흙탕물이 경사가

완만한 대륙대에 이르러 침전이 일어날 때 생긴다. 입자의 크기에
따라 침강 속도에 차이가 생겨 입자가 큰 것이 아래층에 입자가 작
은 것은 위에 오게 된다. 이로써 지층의 역전 여부를 알 수 있다.

접선 속도 接線速度 ■

별의 고유 운동에 의해 나타나는 접선 방향의 속도 성분.

1718년 E. 핼리는 당시에 관측된 별과 옛날 그리스의 히파르코
스가 관측한 별의 위치를 비교하여 약 2,000년 동안 그 위치에
상당한 차이가 생긴 것을 알아내었다. 이와 같이 지구에서 본 별
의 천구상 위치가 오랜 세월이 지나는 동안 조금씩 변하는 현상을
고유 운동이라고 한다. 고유 운동은 흔히 1년간 움직인 각거리를
″(초)로 나타낸다.

이 때 별이 천구상에서 움직인 거리를 원호의 일부로 생각하면 고
유 운동의 각을 $\mu''$라 하고 $r$pc을 별까지의 거리라 할 때, 접선 속

도 $V_t$는 다음의 관계가 성립한다.

$$V_t = 2\pi r \times \frac{\mu''}{360 \times 60 \times 60''} \text{ (pc/년)} = 4.74\mu \cdot r (\text{km/s})$$

## 접촉변성 작용 接觸變成作用 ■■■

주로 열에 의한 변성 작용이다. 보통 마그마가 관입할 때 그 주변부에서 일어난다.
열변성 광물과 혼펠스 조직이 나타난다. 접촉변성 작용으로 사암은 규암, 셰일은 혼펠스, 석회암은 대리암으로 변성된다.

## 정단층 正斷層 ■■■

단층면을 경계로 위쪽의 지괴를 상반, 아래쪽의 지괴를 하반이라고 하는데, 상반이 미끄러져 내려 하반보다 아래에 위치한 단층으로 장력이 작용할 때 형성된다.

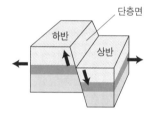

## 정역학적 평형 正力學的平衡 ■■

대기권에서는 높이에 따라 기압이 감소하기 때문에 기압이 높은 아래쪽에서 위쪽으로 기압경도력이 작용하여 공기의 이동이 일어날 것으로 생각되지만, 연직 기압경도력 $\varDelta P$와 공기 자체의 무게로 인한 중력 $\rho g \varDelta Z$가 같기 때문에 공기는 수직이동을 하지 않는다. 즉

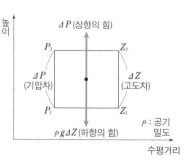

$$\Delta P = -\rho g \Delta Z$$

가 되어 평형을 이루는데, 이를 정역학적 평형이라고 한다. 이와 같은 평형상태는 유체인 해수의 운동에서도 적용된다.

## 정장석 正長石 ■■

화학성분은 $KAlSi_3O_8$이다. 완전한 쪼개짐이 있고 불평탄한 깨짐이 생긴다. 굳기 6, 비중 2.53~2.58이다. 무색 · 백색 · 회색 · 담황색 · 담갈색 · 녹색 등이며, 투명하거나 불투명하고 유리광택이 있다. 정장석은 화성암이나 변성암 및 일부 퇴적암 속에 널리 분포하고 사장석류와 합친다면 지각을 구성하는 양은 석영보다 많다. 정장석은 도자기의 중요한 원료이며, 유리 제조에도 사용된다.

## 정체성 고기압 停滯性高氣壓 ■

한 곳에 오래 머무는 고기압으로, 중심이 움직이지 않고 세력만 확장되거나 쇠약해지는 고기압을 말한다. 우리 나라에 영향을 주는 정체성 고기압으로는 겨울의 시베리아 고기압과 여름의 태평양 고기압이 있는데, 이들은 같은 장소에 오래 머물러 있으면서 계절에 따라 발달하거나 쇠약해진다.

## 정체전선 停滯前線 ■■

전선을 형성하는 두 기단의 세력이 비슷하여 한 곳에 오래 머무는 전선이다. 우리 나라 초여름에 형성되는 장마전선은 대표적인 정체전선이다. 다음의 일기도는 장마전선을 나타낸 것이다. 정체전선은 일기도에서 청색의 삼각형 모양과 적색의 반원형을 교대로 그려 기호로 표기한다.

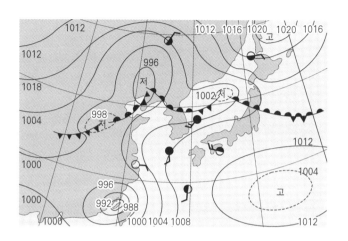

## 정합 整合 ■■

어떤 지역에 지층이 연속적으로 퇴적되어 있고, 지층 사이에 큰 시간 간격이 없는 경우 이들 지층의 관계를 가리켜 정합이라고 한다. 이에 반해 두 지층이 연속적이지 않을 때를 부정합이라고 한다.

## 제4기 Quarternary Period ■

지질시대의 구분에서 신생대 마지막 기로, 약 200만 년 전부터 현재까지의 시대를 말한다. 홍적세(플라이스토세)와 충적세(홀로세)로 구분한다.

홍적세는 세계적으로 기후가 한랭한 시기이며, 고위도 지방이나 높은 산악 지역에는 빙하가 발달되어 빙하 시대라고도 한다. 홍적세에는 4~5회의 빙기와 이들 사이에 기후가 온난해진 간빙기가 3~4회 있었다.

충적세는 후빙기라고도 하며, 홍적세의 마지막 빙기인 뷔름 빙기가 끝난 후 기후가 온난해진 현재까지를 말한다. 또한 환태평양 화산대의 대표적인 화산들이 대부분 제4기에 형성되었다.

## | 제4기의 빙기와 간빙기 |

| 구 분 | 유 럽 | 북 미 |
|---|---|---|
| 충적세 | 후 빙 기 | |
| 홍적세 | 뷔름(Wurm)빙기 | Wisconsin 빙기 |
| | 리스-뷔름(Riss-Wurm) 간빙기 | |
| | 리스(Riss) 빙기 | |
| | 민델-리스(Mindel-Riss) 간빙기 | Sangamon 간빙기 |
| | 민델(Mindel) 빙기 | Illinoian 빙기 |
| | 귄츠-민델(Günz-Mindel) 간빙기 | Yarmouth 간빙기 |
| | 귄츠(Günz) 빙기 | Kansan 빙기 |
| | 다뉴베-귄츠(Danube-Günz) 간빙기 | Aftonian 간빙기 |
| | 다뉴베(Danube)빙기 | Nebraskan 빙기 |

### 제3기 Tertiary Period ■

신생대를 두 개의 기로 세분한 것 중 전기에 해당하는 지질시대. 중생대 백악기의 뒤이며, 신생대 제4기의 앞이다. 약 6,500만 년 전부터 200만 년 전까지의 약 6,300만 년간에 해당한다.

동물계에서는 중생대에 번성했던 암모나이트나 공룡류가 완전히 사라졌고, 중생대에는 소형이었던 포유류가 고 제3기에 들어오자 점차 대형화되었다. 식물계에서는 속씨 식물 특히 쌍떡잎 식물이 우세했고, 신 제3기에는 초본류가 급격히 증가했다.

기후는 전반적으로 온난했으나 신 제3기 후기가 되자 점차 한랭해졌다. 대표적인 지각 변동으로는 유럽에서 일어난 카스카디아 조산 운동이 있다.

## 제트류 jet stream ■ ■

제트류란 대류권 상층의 편서풍 파동 내에서 최대속도를 나타내는 부분을 말한다. 세계기상기구(WMO)에서는 '제트류는 상부 대류권 또는 성층권에서 거의 수평축에 따라 집중적으로 부는 좁고 강한 기류이며, 연직 또는 양측 방향으로 강한 바람의 풍속차(shear)를 가지고, 하나 또는 둘 이상의 풍속 극대가 있는 것'이라고 정의하였다.

그림에서 보듯이 위도 30° 지역 상공은 온도차 때문에 같은 높이의 위도 60° 지역보다 기압이 높다. 따라서 30° 지역 상공 대류권 계면 부근에서 60° 지역과 기압차가 크게 발생하여 빠른 흐름이 발생하는데, 이것이 제트류이다. 이러한 기압 차이는 특히 남북 간의 온도차가 큰 겨울철에 크게 나타나므로, 제트류의 속력 또한 겨울철에 빠르고 에너지 수송을 담당한다.

제트류는 길이가 2,000~3,000km, 폭은 수백km, 두께는 수km의 강한 바람이다. 풍속차는 수직 방향으로 1km마다 5~10m/s 정도, 수평 방향으로 100km에 5~10m/s 정도이다. 제트류에는 중위도 지방 상공 8~9km에서 발달하고 평균풍속이 40m/s 정도인 아한대 제트류와 위도 약 30° 부근의 고도 12~13km에서 발달하는 아열대 제트류가 있다.

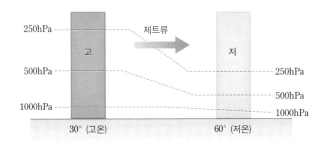

제트류의 축은 계절에 따라 남북으로 이동한다. 겨울에는 남하하여 우리 나라 상공에 위치하고 여름에는 북상하여 우리 나라 북쪽에 위치한다. 겨울철에 차가운 제트류가 우리 나라 상공을 통과할 때는 이상한파 현상이 발생하고, 따뜻한 제트류가 통과할 때는 이상난동 현상이 발생한다.

장마철에 하층의 제트류(남서기류)가 장마전선에 유입되면 다량의 수증기를 공급하여 집중호우 현상이 나타난다.

### 조경 潮境 ■ ■

한류와 난류가 만나는 수렴선으로 극전선이라고도 한다. 우리 나라 동해에서는 동한 난류와 북한 한류가 만나 조경을 형성한다.

조경 수역은 여름철에 약간 북상하고 겨울에 약간 남하한다. 평균적인 전선은 $40°N$이다. 조경이 형성되면 영양염류가 풍부해지고, 난류와 한류의 어종이 모두 모이게 되므로 좋은 어장이 형성된다.

### 조금 ■ ■ ■

만조와 간조 때 해수면의 높이차는 항상 일정하지 않고 약 15일을 주기로 높아졌다 낮아졌다 한다. 이 때 간만의 차가 가장 작을 때를 조금이라고 한다. 달의 모양이 반달(상현과 하현)일 때 일어난다.

이와는 달리 간만의 차이가 가장 클 때를 사리라 하는데, 달의 모양이 보름이나 그믐일 때 일어난다.

### 조륙 운동 造陸運動 ■ ■

넓은 범위에 걸쳐 서서히 일어나는 지각의 융기 또는 침강 운동.

지각은 밀도가 큰 맨틀 위에 떠 있으면서 힘의 평형을 이루고 있다. 그러므로 지각의 두꺼운 부분이 풍화와 침식을 받아 깎임으로써 가벼워지면 이 지역은 융기하게 된다. 반대로 물질이 운반·퇴적되어 무거워지면 침강하게 되면서 조륙 운동이 일어난다.

| 융기의 증거 |

① 세라피스 사원의 돌기둥에서 조개 구멍과 그 껍질 발견

② 해저에서 생성된 퇴적암이 높은 산에서 발견

③ 해양식물의 화석이 높은 산에서 발견

④ 스칸디나비아 반도의 융기(약 1m/100년)

⑤ 해안단구와 하안단구

⑥ 해퇴 현상 : 바다가 후퇴하는 현상

| 침강의 증거 |

① 리아스식 해안

② 다도해

③ 익곡 : 산골짜기였던 지역이 침강하여 생긴 계곡

④ 해저산림이 바다 속에서 발견

⑤ 해침 현상 : 바다가 육지로 전진한 흔적


조산대 造山帶 ■■

조산 운동이 일어나는 불안정한 지대로 이곳에서는 옛 지질시대부터 자주 습곡산맥 및 단층으로 인한 산맥이 형성되었다. 알프스-히말라야 조산대, 환태평양 조산대 등이 대표적이다.


조산 운동 造山運動 ■■

지각이 수평 방향의 힘을 받아 운동하면서 대규모의 습곡산맥을 형성하는 지각 변동.

조산 운동은 지각의 융기에 의한 조산 운동과 지각의 이동에 의한 조산 운동으로 구분할 수 있다.

| 지각의 융기에 의한 조산 운동 |

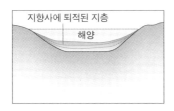

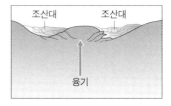

| 지각의 이동에 의한 조산 운동 |

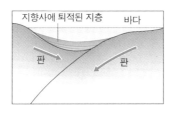

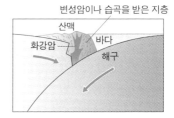

| 조산 운동 과정 | 지향사 단계, 조산 단계, 침식 단계의 세 단계로 나뉜다.

① 지향사 단계 : 지향사에 퇴적층이 형성되는 단계이다. 얕은 바다에 퇴적물이 쌓이고 그 무게로 퇴적층이 침강하면 여기에 다시 퇴적물이 쌓여 두꺼운 퇴적층의 지향사가 형성된다. 환태평양 연안부가 이와 같은 지향사를 이루는 곳이다.

② 조산 단계 : 지향사를 이루는 두꺼운 퇴적층이 판과 판이 충돌하거나 한 판이 다른 판 밑으로 침강할 때 작용하는 거대한 횡압력을 받아서 습곡을 만들고 거대한 습곡산맥으로 되는 단계이다.

알프스 · 히말라야 산맥은 아프리카판과 인도판이 북으로 움직이면서 유라시아판과 충돌하여 이루어진 대습곡산맥이고, 환태평양 조산대는 태평양판이 아프리카판 · 유라시아판 · 인도판 밑으로 침강하여 형성된 것이다. 이들 습곡산맥은 복잡한 단층을 가지고 있고, 그 축 부분은 화강암의 관입으로 광역변성 작용을 받아 편마암이나 결정편암으로 변한 것이 대부분이다. 좁은 의미에서는 이 단계만을 조산 운동이라고도 한다.

③ 침식 단계 : 습곡 운동이 그친 후 융기된 습곡산맥이 풍화 침식으로 깎여 평탄해지는 단계이다.

선캄브리아기에 생성된 조산대는 평탄하게 깎여서 안정된 순상지를 이루며, 고생대의 습곡산맥도 많이 깎여 낮아져 있다.

고생대 이후 유럽에서 조산 운동이 일어난 것은 고생대 중기와 말기, 중생대 말기~신생대 초기에 걸친 세 차례였다. 이들은 각기 칼레도니아 조산 운동·헤르시니안 조산 운동 또는 바리스칸 조산 운동·알프스 조산 운동이라고 부른다. 또한 북아메리카에서도 약간 시기의 차이는 있지만, 고생대에는 타코닉 조산 운동과 애팔래치아 조산 운동이, 중생대 중기에는 네바다 조산 운동이, 그리고 중생대 말기부터 신생대 초기에 걸쳐서 일어난 라라미드 조산 운동이 유명하다. 한국에서는 칼레도니아 조산 운동에 해당하는 것이 고생대의 대결층으로 밝혀졌고 고생대 말기의 것은 밝혀지지 않았다. 아메리카의 네바다 조산 운동에 해당하는 것이 송림 변동과 대보 조산 운동이고, 라라미드 조산 운동에 대응하는 것이 불국사 변동으로 알려져 있다. 또한 대보 조산 운동과 불국사 변동은 유럽의 알프스 조산 운동에도 해당하며 중국의 옌산 운동과도 시기를 같이하고 있다.

## 조석 潮汐 ■ ■ ■

달·태양 등의 천체의 인력 작용으로 해수면이 하루에 2회 정도 높아졌다 낮아지는 현상이다. 기조력은 지구에 대한 달과 태양의 위치에 따라 힘의 크기에 변화가 생긴다. 따라서 조석의 크기도 마찬

가지로 변화를 보인다. 삭과 망의 경우에는 달·태양·지구가 일직선상에 위치하여 기조력은 최대가 되며, 이 때 대조(사리)라고 하는 가장 큰 조차의 조석이 일어난다. 그러나 상현과 하현일 때 태양과 달은 서로 직각이 되는 방향으로 작용하여 소조(조금)라고 하는 최소의 조차가 일어난다.

## 조석설 潮汐說 ■

태양계 기원설 중의 하나로 1900년대 초반 T. C. 체임벌린과 몰턴에 의해 제기되었다. 조석설은 두 개의 천체가 조석력에 의해 물질이 섞이면서 행성계가 생겨났다는 것이다. 태양 가까이에 다른 별이 지나갈 때 태양과 이 천체 사이에 강한 조석력이 미쳐 각 천체로부터 물질이 방출된다. 이런 현상은 달의 조석력 때문에 지상의 바닷물이 달을 향한 쪽과 그 반대쪽에 모여드는 것과 같은 원리이다. 이렇게 방출된 물질은 태양 주위에 분포한 후 이로부터 행성들이 형성되었다고 본다.

한편, 리틀턴 같은 학자는 원래 태양이 다른 별과 함께 쌍성을 이루고 있었는데, 다른 별이 이 쌍성 가까이 지나면서 태양의 동반성을 떼어 갔다고 보았다. 이 과정에서 강한 조석력이 미쳤고, 이 때 태양에서 방출된 물질에서 행성들이 탄생했다고 보았다. 리틀턴은 밤하늘의 수많은 별들이 쌍성을 이루고 있다는 관측 사실로부터 태양도 처음에는 쌍성이었을 것이라는 가정을 내놓았다.

조석설의 가장 큰 약점은 행성들의 물질 구성을 설명할 수 없다는 점이다. 조석설은 행성을 이루는 물질이 태양에서 나온 것으로 보는데, 행성을 구성하는 물질은 수소와 헬륨 등 가벼운 원소보다는 철·규소 등 무거운 원소들이 대부분이다. 또한 뜨거운 태양에서 방출된 물질이라면 온도가 매우 높을텐데 이로부터 어떻게 행성들이 형성되었는가도 의문이다.

다른 학자들은 조석 작용으로 태양에서 방출된 물질이 목성 거리 이상으로 멀리까지 뻗쳐나가기는 불가능하다고 보았다. 또한 중수소나 리튬 같은 가벼운 원소는 뜨거운 태양에서 쉽게 파괴되므로 태양에서 방출된 물질에서 형성된 행성에서도 이러한 원소의 함량이 매우 적어야 한다. 그러나 실제 관측치는 그렇지 않으므로 행성의 구성성분이나 나이를 고려할 때 조석설로 태양계 기원을 설명하기는 어렵다.

## 조석주기 潮汐週期 ■ ■

만조에서 다음 만조까지 또는 간조로부터 다음 간조까지의 시간으로 평균 약 12시간 25분이다. 즉 24시간 50분만에 반일주의 조석에서는 2회의 만조와 2회의 간조가 일어나고, 일주의 조석에서는 1회의 만조와 1회의 간조가 일어난다. 따라서 평균 50분씩 전날의 시각보다 늦게 일어나는데 이것은 달의 겉보기 운동과 관계된다.

지구가 자전하여 한 바퀴를 도는 동안 달은 지구를 360°/27.3일만큼 하루에 돈다. 그러므로 지구 위의 어떤 지점에서 달의 남중이 되려면 24시간 걸려 지구가 한 바퀴 돌고 난 후 달의 위치까지 돌아간 24.84시간이 되어야 한다. 따라서 반일주의 조석이 일어나는 곳에서의 조석주기는 약 12시간 25분이다.

## 조암광물 造岩鑛物 ■ ■ ■

암석은 한 종류 이상의 광물이 모여서 형성되는데, 암석을 구성하고 있는 광물을 조암광물이라 한다. 현재 알려진 광물의 수는 2,000여 종 이상으로 우리 나라에서도 330여 종의 광물이 알려져 있지만 조암광물은 수십 종에 불과하다.

조암광물 중에서 중요한 주성분 광물을 마그마로부터 정출하는 순서에 따라 열거하면 감람석, 휘석, 각섬석, 운모, 장석, 석영이다. 이들을 화성암의 6대 조암광물이라고 한다.

## 조화의 법칙 ■■

케플러 제3법칙을 이르는 것이다. 행성의 공전주기 P의 제곱은 타원 궤도의 긴반지름 a의 세제곱에 비례한다는 법칙이다.

$$\frac{a^3}{p^2} = K$$

이 법칙에 따르면 태양에서 멀리 떨어진 행성일수록 공전주기가 길게 된다. 이 법칙은 인공위성에서도 적용되어 지구로부터의 거리에 따라 인공위성의 주기가 결정된다. 특히 정지 위성이 되기 위해서는 위성의 주기가 지구의 자전주기인 24시간이 되어야 하기 때문에 지구로부터 약 36,000km 떨어져 있어야 한다.

## 조흔색 條痕色 ■■■

광물의 가루가 나타내는 색으로 광물을 육안으로 감별하는 데 자주 이용된다. 자연금이나 황철석 · 황동석은 다같이 금속광택이 있고 황색을 띠지만, 조흔색은 각각 황금색 · 갈흑색 · 녹흑색을 띤다. 결정 표면에서 빛을 반사하는 금속광택을 가진 광물의 이러한 색의 차이는 광물을 가루로 만들었을 때 미세한 분말에 의해 빛이 난반사되기 때문에 일어나는 것이다.

조흔색은 석영의 미세한 분말을 표면에 태워서 붙인 백색 조흔판에 광물을 문질러서 검사한다. 굳기 7 이상의 광물, 예를 들면 유색 규산염광물의 일부 등에 대해서는 분쇄한 분말의 색을 조사하기도 한다. 조흔판으로는 흔히 초벌구이한 자기판을 이용한다.

### 종관규모순환 ■

대기 순환 규모의 일종으로 고기압, 저기압, 태풍 등 일기도상에 나타나는 것들이 포함된다. 구름 발생 구역이 넓고 전향력 효과가 크다. 수평 규모는 −100km∼1,000km이고 시간 규모는 몇 일∼몇 주 정도이다.

### 종상화산 鐘狀火山 ■

유문암질·석영 안산암질 또는 안산암질 용암처럼 점성이 강한 용암이 지표에 분출하여 만들어진 화산으로, 흔히 용암 돔의 모양을 이룬다. 제주도의 산방산이 좋은 예이다.

제주도의 산방산

### 주계열성 主系列星 ■ ■

수소핵 융합 반응으로 에너지를 안정적으로 발산하는 별. 대부분의 별들이 이 단계에서 80∼90%를 보낸다.

질량이 큰 별일수록 많은 양의 수소가 소모되고(중력과의 평형을 유지하기 위한 내부 압력 때문에) 더 많은 빛과 열이 나오게 되는데, 별이 가진 수소의 양은 한정되어 있기 때문에 질량이 큰 별은 더 빨리 진화한다. 수소핵 융합 반응이 진행되어 중심부에서 수소의 함량이 감소함에 따라 별 중심부의 온도와 밀도는 핵융합률을 일정하게 유지시키기 위해 증가한다. 이 기간 중 중심부의 온도는 점점 증가하며 별은 조금 커진다. 그 결과, 표면에 이르는 에너지가 점차 커져서 별의 광도가 증가한다.

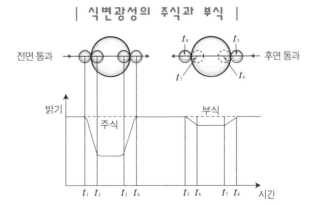

## 주극성 周極星 ■ ■

지평선 아래로 하루 종일 지지 않는 별.

북극성 주변의 별들은 일주 운동으로 북극성 주위를 회전하므로 하루 종일 지평선 아래로 지지 않는다. 천구의 북극 고도는 그 지방의 위도($\varphi$)와 같으므로 주극성의 적위범위는 $+90° \sim +(90-\varphi)°$ 이다. 남반구상의 지점에서 보는 주극성은 하늘의 남극 주위를 회전하여 밤새 보이는 별을 말한다. 지구상의 북극에서는 북쪽 하늘의 별 전부가, 또 남극에서는 남쪽 하늘의 별 전부가 주극성이 된다. 적도 지방에서의 모든 별은 출몰성이 된다. 우리 나라에서는 카시오페이아자리 · 세페우스자리 · 큰곰자리(북두칠성) · 작은곰자리 등이 주극성이다.

▶ 그림 참조 → 전몰성

## 주극소(주식) ■

두 별이 서로의 인력에 의하여 쌍을 이루며 상호 질량 중심을 중심으로 공전하고 있을 때 이를 '쌍성'이라 한다. 이러한 쌍성은 별의 가장 기본적인 물리량인 질량 · 크기 · 온도 · 밀도 등을 연구하는 데

| 식변광성의 주식과 부식 |

매우 중요하며, 우리에게 밝기가 변하는 변광성으로 관측된다.
이들 쌍성 중에서 공전 궤도가 지구와 같은 평면상에 있어서 식(蝕)
현상이 일어나기 때문에 광도가 변하는 별을 식변광성이라 한다.
그리고 이 때 반성(어두운 별)이 주성(밝은 별)을 가릴 때를 주극소,
그 반대를 부극소라 한다. 대표적인 것에 알골이 있다.

## 주상절리 柱狀節理 ■ ■

화산암 암맥이나 용암류 내
부에서는 냉각·고결할 때
생기는 수축 작용에 의해 기
둥 모양의 규칙적인 주상절
리가 발달한다. 제주도 남해
안에 있는 정방·천제연·
천지연·소정방 등지의 폭

제주도의 주상절리

포 절벽에서는 주상절리가 잘 관찰된다.

## 주시 곡선 ■ ■ ■ ■

지진파의 도달시간과 진앙
까지의 거리의 관계를 나타
낸 곡선.
주시 곡선을 이용하면 진앙
까지의 거리를 쉽게 구할 수
있다.

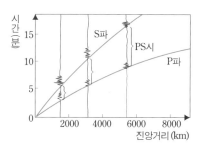

진앙까지의 거리는 P파(primary wave)와 S파(secondary wave)
의 도달시간의 차인 PS시에 비례하여 PS시가 클수록 진앙까지의
거리가 멀어짐을 알 수 있다.

## 주향 走向 ■■

지층면이 수평면과 만나
이루는 선의 방향을 진북
을 기준으로 측정한 각.
주향의 연장이 북과 동 사
이에 있을 때는 NE, 또는
남북 방향과 이루는 각이
45°일 때는 N과 E 사이에
45°를 넣어 N45°E라고

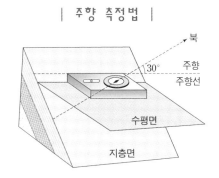

| 주 향 측 정 법 |

표기한다. 주향은 클리노미터를 이용해 측정한다.

## 주향이동단층 走向移動斷層 ■

단층면을 경계로 두 지괴의 이동 방향과 주향
이 평행한 단층을 말한다. 이에 비해 지괴의
이동 방향과 경사가 평행하고 수평 방향의 변
이가 없는 것을 경사단층이라고 하며, 실이동

방향이 주향 · 경사 모두와 사교하는 것을 사교단층이라 한다.

## 중간권 中間圈 ■■■■

대기권을 높이에 따른 기온 분포로 구분할 때 지표로부터 약
50~80km까지의 구간에 해당하는 층.
높이 올라갈수록 기온이 낮아지면서 공기층이 불안정하여 대류 현
상이 일어난다. 그러나 수증기가 없기 때문에 기상 현상은 거의 일
어나지 않는다. 중간권 계면에서 대기권 중 최저기온(-100℃)이
나타난다.

## 중간규모순환 ■

대기의 순환 규모에서 수평적 규모가 100m~100km, 지속시간이 수 분에서 수 일 정도인 순환.

산곡풍, 해륙풍, 뇌우, 토네이도(tornado : 대규모의 용오름) 등이 이에 해당하고 전향력의 영향을 받지 않는다.

## 중력 重力 ■ ■ ■

지표 부근에 있는 물체를 지구의 중심 방향으로 끌어당기는 힘.

그 대부분은 지구와 물체 사이에 작용하는 만유인력인데, 정확히는 만유인력과 지구 자전에 따르는 원심력이 더해져 함께 작용한다. 중력의 크기는 물체의 질량에 비례하며 질량 1g의 물체에는 대체로 980dyn의 중력이, xg의 물체에는 980dyn의 x배의 중력이 미친다. 보통 물체의 무게라고 하는 것은 이 힘을 가리킨다.

중력의 크기는 물체의 질량에 비례하므로 중력의 작용만 받아 높은 곳에서 떨어지는 물체에는 질량의 크기와 관계없이 일정한 가속도(약 $980cm/s^2$)가 가해지며, 그 결과 모든 물체는 질량과 관계없이 같은 높이를 같은 시간에 낙하한다. 이 가속도를 중력가속도(기호 g, 단위 $cm/s^2$ 또는 gal)라 한다. 그러나 g의 값은 지구 자전에 따른 원심력이 위도에 따라 조금씩 다르고, 지구가 완전한 구체가 아니라 약간 평평한 타원체이며, 지구 내부의 지질 구조가 균일하지 않다는 것 등의 여러 원인 때문에 장소에 따라 다소 달라진다. 따라서 지오이드(geoid)상의 중력값을 표준중력으로 정하여 사용하고, 각지의 중력은 표준중력과 중력이상과의 합으로 나타낸다.

## 중력 보정 重力補正 ■

측정된 중력으로부터 지하 물질의 밀도 분포 이외의 요소들이 가지는 중력 효과를 제거하는 과정.

중력에 영향을 미치는 요소로는 지하 물질의 밀도 분포, 기온의 변화, 시간에 따른 중력계의 용수철 상수 변화, 기조력의 변화, 측점의 위도 · 고도 및 측점 주위의 지형 등이 있다. 중력 보정에는 프리에어 보정, 부게 보정, 지형 보정, 지각평형 보정이 있다. 보통은 프리에어 보정과 부게 보정을 한다.

| 프리에어 보정(free-air correction) | 고도에 따른 중력 보정으로, 고도 보정이라고도 한다. 다음 식으로 보정하는데, h의 단위는 m이다.

$$g_f = 0.3086h (mgal)$$

| 부게(Bouguer) 보정 | 측점과 기준 고도면 사이의 물질에 의한 중력 효과를 없애는 과정으로 이 영향을 처음으로 계산하여 제거한 P. 부게의 이름을 붙인 것이다. 지오이드상의 고도 h의 관측점에서의 부게 보정은 밀도 $\rho$, 두께 h의 무한평판의 인력으로 볼 수 있다. 다음의 식으로 보정하며, G는 만유인력의 상수이다.

$$g_B = 2\pi G \rho h = 0.04193 (mgal)$$

| 지형 보정 | 관측점 부근에 요철 지형이 있을 경우, 중력값을 평탄한 지형의 경우로 환산하는 과정이다. 요철 지형은 평탄한 경우에 비해 중력을 감소시키는 방향으로 작용하므로 지형 보정값은 항상 양의 값을 취한다. 보정은 관측점을 중심으로 수십km의 범위에 대하여 행해진다.

## 중력이상 重力異常 ■

중력계를 사용하여 지표면의 여러 지점에서 중력의 크기를 측정할 때, 측정 중력값이 완만하면서도 규칙적으로 국부적인 차이를 나타내는 것.

측지학에서는 지구를 균일한 회전타원체로 가정할 때의 중력 이론값과 지표에서의 중력 실측값과의 차이를 말한다. 실제로 지구는 엄밀한 의미의 회전타원체가 아니기 때문에 중력이상은 측지점 간의 고도차, 지형차, 지하 물질의 불균질 등에 기인한다. 중력이상을 나타내는 지역을 중력이상대라고 하며, 지하 구조나 자원의 탐사 대상 지역이 될 수 있다.

## 중력장 重力場 ■ ■

중력 작용을 나타내는 물리적인 장(場).

중력을 지구 표면 가까이에 있는 물체에 작용하는 힘이라 한다면 지구의 만유인력장과 지구의 원심력장을 합한 것이 중력장이 된다. 중력장은 그림과 같이 고도에 따라 그 값이 작아진다.

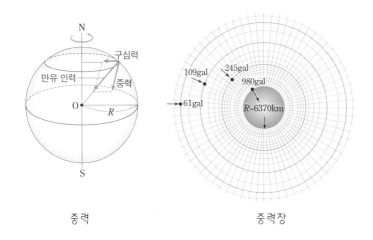

중력                     중력장

## 중력 측정 重力測定 ■

중력의 측정에는 중력의 절대값을 측정하는 절대측정과 측점 상호 간의 절대중력값의 차이을 측정하는 상대측정이 있다.

절대측정에는 단진자나 자유낙하하는 물체가 이용되며 상대측정에는 중력계가 이용된다. 대표적인 중력계로는 워든(Wordon) 중력계와 라코스트–롬버그(Lacoste-Romberg) 중력계가 있다.

| 워든 중력계 | 용수철저울에 의한 방법으로 용수철의 늘어나는 정도가 중력에 비례한다는 원리에 의한 것이다.

| 워든 중력계의 내부 구조 |

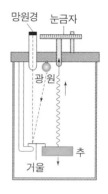

소수점 이하 5자리까지의 높은 정밀도를 가지고 있고, 측정시간도 5분 정도이므로 이 방법에 의한 중력계가 널리 사용된다. 현재 정밀한 중력계는 0.001mgal까지 측정할 수 있다.

## 중생대 中生代, Mesozoic Era ■ ■ ■

지질시대 중 생물 화석이 풍부하게 나타나기 시작한 이후의 시기를 크게 세 부분으로 나눌 때 가운데에 해당하는 시대.

약 2억 2,500만 년 전부터 약 6,500만 년 전까지의 1억 6,000만 년간에 해당한다. 오래된 순서부터 트라이아스기 · 쥐라기 · 백악기의 3기로 나뉜다. 중생대에 살았던 생물을 살펴보면 무척추 동물 가운데 가장 두드러진 것으로 두족류에 속하는 암모나이트(ammonite)와 삼각패류, 척추 동물로는 파충류, 특히 공룡류가 현저하게 번성했기 때문에 파충류의 시대라고 부르기도 한다. 그 밖에 조류인 시조새가 쥐라기에 출현하였다. 육상식물로는 겉씨 식물이 번성하여 중생대를 겉씨 식물의 시대라고 부른다. 특히 은행나무 · 소철류 · 소나무류 등이 번성하였다.

중생대는 전반적으로 기후가 온난하였고, 지질학적으로는 비교적 조용했으나 후기에 이르러 알프스 조산 운동이 일어났다.

## 중성자별 中性子— ■

중성자별이란 반경이 약 100km 정도 되는 작은 별이지만 무게에 있어서는 태양과 비슷한 별이다. 원자핵과 원자핵이 서로 닿을 정도로 밀도가 커서 한 숟가락의 중성자별의 물질은 그 무게가 천만 톤 정도나 된다.

천천히 회전하던 폭발 전의 큰 별이 작은 중성자별로 붕괴·수축하면 각 운동량 보존에 의해 매우 빠르게 회전할 것이라 짐작된다. 그것은 마치 팔을 벌리고 천천히 돌던 피겨 스케이트 선수가 팔을 움츠리면 빨리 회전하는 것과 같다. 이렇게 빨리 회전하는 중성자별은 강한 자장을 가지고 있으며, 이 회전하는 파장에서 발생하는 전파가 조셀린 벨이 발견한 펄서(pulsar : 규칙적인 전파를 발사하는 별)의 전파인 것이다.

중성자별인 펄서는 특이한 구조를 하고 있다. 중성자별의 외각은 철로 되어 있고 그 내부는 주로 중성자로 되어 있다. 하늘에 떠 있는 10km 반경의 거대한 핵이라고 생각할 수 있는 이 중성자별의 내부는 원자핵도 그렇듯이 점성이 전혀 없는 핵물질로 된 초유체로 되어 있다. 이러한 증거가 1969년 봄에 포착되었다. 펄서의 회전이 마치 우주의 거인이 팽이를 돌리듯 더 빨라졌다가 다시 원상회복되는 것이 관측된 것이다.

당시 과학자들은 이 별의 회전 속도 증가는 철로 된 별의 외각이 회전으로 인한 힘을 못이겨 금이 가고 부분적으로 깨지면서 별이 작아지기 때문이라고 생각하였다. 그러나 별의 지진으로 알려진 이 현상은 속에 있는 초유체 때문에 일어나는 것으로 밝혀졌다.

중성자별인 펄서가 방사하는 전파와 여러 형태의 에너지 발산 때문에 별 외각의 회전은 점점 늦어진다. 그렇지만 점성이 없는 초유체로 된 내부는 외부와 무관하게 그 회전을 유지하다가 그 회전을 외각으로 가끔 전달하게 된다. 이 때 펄서는 더 빨리 회전하게 되는 것이다. 이는 마치 삶은 계란의 회전을 늦추는 것은 쉽지만 날계란의 회전을 손으로 방해하면 회전 속도가 늦춰지다가 갑자가 살아 있는 것처럼 꿈틀하는 것과 같다. 이는 날계란 속의 유체인 노른자와 흰자가 가지는 점성이 다르기 때문에 유체의 회전이 외부로 전달되는 과정에서 일어난다. 중성자별 역시 그 속에 있는 초유체가 계란의 노른자 역할을 하는 것이다.

## 중심분출 中心噴出 ■

원통 모양의 화도로부터 용암을 분출하는 것으로 보통 화산체를 형성하는 분출 형식이 이에 속한다. 가스의 압력이 주위 암석의 압력과 같아지면 끓는 것과 유사한 현상이 일어나, 마그마로부터 빠져 나온 가스가 급격히 팽창하여 압력이 증대되고, 위에 있는 암석을 파괴하면서 화산 폭발을 일으킨다. 백두산 · 울릉도 · 제주도는 중심분출에 의해 형성된 것이다.

## 중앙 해령 中央海嶺 ■■

해저 지형도를 보면 대양의 중앙 부분에 주변보다 약 2,500∼3,000m 높게 솟아오른 대규모의 해저 산맥을 볼 수 있는데, 이런 해저 지형을 대양저 산맥 또는 중앙 해령이라 한다. 중앙 해령은 태평양, 대서양, 인도양, 북극해까지 연결되어 있고 총길이는 약 8만 km에 달하며, 해령 중심부에 깊은 골짜기인 열곡(골짜기)이 있다. 판구조론과 맨틀대류설에 의하면, 해령은 지하의 맨틀 물질이 상승하면서 만들어진 마그마가 분출하여 새로운 해양 지각이 만들어지고, 생성된 해양 지각이 열곡을 중심으로 양 옆으로 확장 이동되는 곳이다. 이동 속도는 연간 2~12cm 정도이다.

중앙 해령의 정상부는 계속 이어져 있지 않고 중간이 나뉘어져 있는데 이 부분에서는 양쪽으로 판의 이동 방향이 다르게 된다. 이곳을 변환단층이라 한다. 이것들은 모두 해저 확장의 증거가 된다.

▶ 그림 참조 → 변환단층

## 쥐라기 Jurassic Period ■ ■

암모나이트

지질시대에서 중생대를 3기로 나눌 때 두 번째의 시기.

트라이아스기 후의 약 1억 8,000만 년 전부터 백악기 전의 약 1억 3,500만 년 전까지의 4,500만 년간이다. 명칭은 이 시대에 생성된 지층이 잘 발달한 프랑스·스위스·독일의 삼국에 걸쳐 있는 쥐라 산맥에서 유래한 것이다.

이 시대에는 육상에 거대한 파충류가 살았고, 바다에는 암모나이트가 있었다. 식물로는 은행나무류·소철류 등의 겉씨 식물이 번성했다. 또한 조류(鳥類)와 속씨 식물이 출현한 것도 이 시대이다. 한반도에서는 대동누층군이 쥐라기에 해당하는 지층이다.

## 증발안개 ■ ■

찬 공기가 따뜻한 수면 또는 습한 지면 위를 이동할 때 증발에 의해 형성된 안개.

찬 공기가 습한 지면 위를 이동해 오면 기온과 수온의 차에 의해 수면으로부터 물이 증발하여 수증기가 공기 속으로 들어오게 된다.
수증기의 공급으로 공기가 포화되고, 응결되어 안개가 발생한다.
마치 김이 올라오는 것처럼 보인다고 해서 김안개라고도 한다.
이른 봄이나 겨울철에 해수나 호수의 온도는 높고 그 위의 공기 온
도가 매우 낮기 때문에 수면으로부터 증발이 많이 일어나 김안개가
자주 발생한다.

## 지각열류량 地殼熱流量 ■ ■

지각의 단위면적에서 단위시간에 흐르는 열량.

지구 내부의 열에 의해 나타난다. 지구 내부의 열원은 중력과 방사
성 원소의 붕괴열이다. 행성의 팽창과 압축 과정으로 내부가 뜨거
워져 지구는 대략 $1,000℃$ 정도로 추측되는 온도에서 약 46억 년
전부터 진화되기 시작했다. 더욱이 방사능 원소들이 붕괴되면서 내
부 온도는 더욱 상승했으며 40~45억 년 전에 지구 온도가 철의 용
융점까지 올라갔을 때, 핵과 맨틀의 분리가 시작되었다.

철의 거대한 덩어리들이 중심부로 가라앉아 약 $2 \times 10^{37}$ergs의 중력
에너지가 열의 형태로 방출되었는데, 이것은 $10^{15}$메가톤의 핵 폭발
에너지와 맞먹는 막대한 양이다. 이 열에 의해 지구는 부분적으로
용융되고 재구성되어 핵 · 맨틀 · 지각으로 분화되었다.

태양으로부터 받는 열을 제외하면 지구 내부로부터 방출되는 열류
량은 가장 중요한 지구 에너지원이다. 대륙을 이동시키고 산맥을
형성하는 원동력인 열류량은 육지와 해양저에서 자주 측정되어 왔
으며, 그 결과 대륙과 해양저에서 방출되는 열류량의 분포로부터
내부 열의 이동에 관한 기구를 이해하게 되었다.

대륙 지각은 두께가 수십km로 매우 두껍다. 상부는 대부분 화강암
으로 이루어졌고, 화강암은 방사능 원소를 가장 많이 함유하고 있

으므로 대륙의 열류량 전부는 아닐지라도 상당 부분 화강암 내에서 비롯된 것이라 생각된다. 그 외 하부 맨틀에서도 많은 양의 열류량이 방출될 것이다. 대륙 지각에서는 크게 두 가지의 전형적인 열류량 값을 보여 준다. 지질학적으로 오래되고 비활동적인 지역의 낮은 열류량(약 $1\mu cal/cm^2/s$) 수치와 최근에 조산 운동이나 화산 활동이 일어난 지역에서 측정되는 높은 열류량(약 $2\mu cal/cm^2/s$)이 그것이다. 모든 지역을 고려해 보았을 때, 대륙의 평균열류량은 $1.4\mu cal/cm^2/s$ 정도이다.

해양저는 현무암과 감람암으로 이루어져 있어 대륙의 화강암보다 방사능이 훨씬 적다. 따라서 해양저는 대륙과는 다른 열류량 값을 나타낸다. 해양저의 열류량은 그곳의 지질과 관련이 있다. 가장 젊은 해령의 열류량은 $3\mu cal/cm^2/s$ 이상, 해양분지에서는 약 $1.4\mu cal/cm^2/s$이고, 해령에서 가장 멀리 떨어진 해구 부근에서는 열류량이 $1.1\mu cal/cm^2/s$ 이하로 떨어진다.

중앙 해령은 상승하는 고온의 마그마 위에 있고 마그마는 심부의 맨틀로부터 열을 운반한다. 이 마그마는 냉각·고화되어 해양저 용암이 되며 해령으로부터 확장함에 따라 열을 잃고 점차 냉각되어 열류량은 감소한다. 이런 이유로 오래된 해양저일수록, 즉 중앙 해령에서 멀어질수록 열류량은 감소한다. 그러므로 해양저에서 가장 오래된 지역은 가장 낮은 열류량 값을 가지며, 이러한 지역은 해령에서 가장 먼 곳, 즉 깊은 해구가 된다.

이와 같이 해양 지각의 열류량은 판구조 운동으로 이동하는 해양저 암석권의 냉각 작용과 관련이 있으며, 여기에 지구의 총열류량의 60%가 관여하고 있다. 이 점이 지구가 냉각되고 있다는 주요 증거이다. 이러한 냉각은 열 전도만으로 이루어지는 것이 아니라 대류에 의한 열의 분산이 촉진되어야 하는데, 이것은 암석권 바로 밑의 상부 맨틀인 연약권에 대류가 일어나고 있다는 것이 된다.

## 지구규모순환 ■

수평적으로 1,000km~10,000km의 규모이며, 시간적으로는 수
주에서 수 개월 동안 지속되는 대기의 순환이다. 계절의 날씨를 크
게 좌우하며, 구름 발생역이 넓고 전향력의 영향이 크다.

## 지구자기 地球磁氣 ■ ■

지구가 가진 자석으로서의 성질로 지자기라고도 한다. 지구와 지구
주위에 나타나는 자기이며, 지구자기가 영향을 미치는 영역을 지구
자기장이라고 한다. 지구자기장은 지구 중심 부근에서 막대자석을
지구 자전축 방향으로 놓은 쌍극자자기장 형상을 하고 있다. 그 외
부는 태양 플라스마의 영향권이다.

지구자기장의 자기력선은 태양 플라스마와 우주선을 포착하여 밴앨
런복사대($1{\sim}4R_E$ 부근)를 만들고, 양극 지역에서 오로라 현상을 일
으킨다. 지구자기장은 남극과 북극이 표이하며 상호 역전하는 등
시간에 따라 방향과 크기가 변한다.

지구자기의 요소 중 편각(나침반이 가리키는 지구자기장의 북극과 지
구 북극 사이의 각)과 복각(지구상의 어떤 점에서 지구자기장의 방향
이 그곳의 수평면과 이루는 각)이 알려졌다.

그 후 1635년 영국의 H. 겔리브란드는 지구자기의 편각이 시간에
따라 변한다는 것을 발견하였고, 1950년 W. M. 엘사서는 지구자
기장이 지구 외핵에 의해 생성된다는 다이너모 이론을 제안하였다.

지구자기장은 완전한 쌍극자자기장형은 아니다. 지구자기장의 3성
분(편각 · 복각 · 수평 성분)을 세계 곳곳에서 측정하여 해석하면, 이
쌍극자자석은 지구 중심 부근에 지구의 자전축과 11.5° 정도 경사

져 있으며, 자석의 연장선이 지표면과 만나는 두 점을 각각 자기 북극(북위 77.3°, 서경 101.8°로서 그린란드 북서단에 위치) 및 자기 남극(남위 65.6°, 동경 139.4°로서 남극 대륙 내에 위치)이라고 한다. 자기 북극과 자기 남극을 잇는 선을 지구 자축이라 하고, 여기에 직각이고 지구 중심을 지나는 면을 자기적도면이라 한다.

지자기 북극에서 복각 $I = +90°$이고, 수평 성분 $H = 0$이고, 지구자기 남극에서 $I = -90°$, $H = 0$이며, 지구자기 적도에서 $I = 0$, 연직자기력 $Z = 0$, 서울 부근(북위 37.35°, 동경 127°)에서 $I = +53°$이고, 편각은 6°W이다.

## 지구타원체 地球楕圓體 ■ ■ ■

지구의 모습을 비교적 실제와 가깝게 나타낸 기하학적인 회전타원체이다.

지구는 완전한 구가 아니라 적도반지름이 극반지름보다 약간 긴 일그러진 타원체인데, 이것은 자전 때문에 지구의 적도 부분이 원심력에 의해 볼록 튀어나왔기 때문이다. 지구가 납작한 정도는 편평도(e)로 나타낸다. 지구의 편평도는 약 1/300 정도이다.

## 지구형 행성 ■ ■

태양계를 이루는 행성들을 물리량에 따라 구분할 때 지구와 평균밀도·질량·크기 등이 비슷한 행성.

지구형 행성은 태양에 가까운 궤도를 가진 수성, 금성, 지구, 화성을 하나의 무리로 묶은 것이다. 그 바깥쪽에 있는 대형 행성군과는 여러 가지 면에서 성질이 다르다. 지구형 행성은 대형 행성에 비해 반지름과 질량은 현저하게 작지만, 밀도가 크다. 그리고 대기는 이산화탄소·질소·산소를 주성분으로 하지만 대기층이 얇고, 그 중에는 대기를 거의 가지고 있지 않은 것이 있다. 자전은 느리고 위성의 수도 적다.

이와 같이 태양계의 안쪽 부분에 작지만 밀도가 큰 행성군이 존재하는 것은 태양계 생성 초기에 태양이 현재보다 1,000배 정도 밝았던 시기가 있어서 그때 그 복사에너지에 의해 태양에 가까운 행성으로부터 가벼운 물질이 날아가 버렸다는 설도 있다.

지구형 행성의 조성은 주로 암석이며 중심부에는 철·니켈을 함유하고 있는 것으로 추측된다.

## 지균풍 地均風 ■ ■

마찰이 없는 상태에서 기압경도력(기압차에 의해 발생하는 힘)과 전향력(코리올리의 힘, 지구 자전에 의해 발생하는 겉보기 힘)이 평형을 이루고 있을 때 부는 바람이 지균풍(geostrophic wind)이다.

공기는 기압경도력에 의해 발생하여, 고기압에서 저기압으로 이동하면서 점차 속력이 증가한다. 이에 따라 북반구에서는 전향력이 바람의 오른쪽으로 작용하여 바람의 방향이 바뀌게 된다. 전향력은 풍속을 변하게 하지는 않지만 풍향을 변하게 한다. 기압경도력과

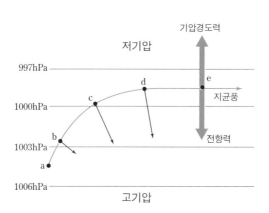

전향력이 평형을 이루게 되면 풍향과 풍속은 일정하게 된다. 결과적으로 바람은 그림과 같이 등압선에 평행하게 분다.

## 지루 地壘 ■

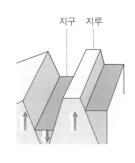

단층 운동으로 산지 부분이 융기하거나 주변이 침강하여 생긴 높은 지형.
우리 나라는 지각이 안정되어 지루가 적지만 동해안 쪽이 단층으로 침강하여 함경 산맥과 태백 산맥이 형성되었다 하여 지루로 보는 견해도 있다. 이스라엘의 수도 예루살렘은 지루 위에 있는 도시이고, 사해는 예루살렘이 있는 지루와 그 동쪽 요르단의 수도인 암만이 있는 지루 사이의 지구에 형성된 호수이다.

## 지방시 地方時 ■■

태양의 남중을 기준으로 정한 시각을 태양시라 하고, 특정 지방의 태양시를 지방시라 한다. 태양이 남중한 후 다시 남중할 때까지의 시간을 1태양일이라고 하고 이를 24등분하여 나타낸 시각을 태양시라 하며, 태양시에서 그리니치 이외의 지점의 자오선을 기준으로 한 태양시를 지방시라 한다. 흔히 지방평균태양시라고 부른다.
임의 두 지점의 지방시의 차는 천문경도의 차와 같다. 그리니치의 본초자오선상의 지방평균태양시를 특히 세계시라 부르고, 세계 각국이 공통으로 사용한다. 우리 나라는 동경 135°인 지점의 지방시를 표준시로 사용한다.

## 지상풍 地上風 ■■■

지표 부근에서 마찰력이 작용할 때 부는 바람.

지상풍은 기압경도력과 전향력, 원심력에 마찰저항이 추가되므로 보다 복잡한 양상을 띤다. 즉 지표 부근의 바람은 지형 · 지물에 의한 마찰의 형상으로 등압선과 약간의 각도를 이루면서 불게 된다. 기압경도력은 그림과 같이 등압선과 직각을 이루며 저압 쪽을 향하고 있다. 바람은 기압경도력 방향으로 불려고 하지만 공기 덩어리가 이동하면 전향력이 작용하여 풍속을 감소시킨다. 마찰력과 전향력의 합력은 그 방향이 등압선과 직각을 이루며 고압 쪽을 향하고 있어 기압경도력과 평형을 이루며, 이 때 지상풍의 풍향은 기압경도력의 방향과 교차한다. 여기서 각 $\alpha$를 바람의 경각이라 한다. 등압선과 풍향이 이루는 각 $\alpha$는 육상에서 $30° \sim 40°$로 크고 해상에서 $15° \sim 30°$ 정도로 작아진다.

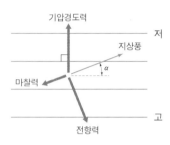

▶ 지상풍은 $\alpha$만큼 변형되고, 마찰만큼 속도가 감소된다.

## 지오이드 geoid ■■■

평균해수면을 이용하여 지구의 모양을 나타낸 것이다. 지구의 모양을 나타내는 데는 지표면을 그대로 나타내는 방법과 지구를 단순히 회전타원체로 나타내는 방법이 있다. 그러나 지표면을 실제로 나타내기란 매우 어렵고, 지구타원체를 이용하는 방법은 지표면의 요철(凹 · 凸)을 전혀 나타낼 수 없다는 단점이 있다. 그래서 지표면보다는 단순하면서도 회전타원체보다는 실제에 가깝게 지구의 모양을 나타낸 것이 지오이드이다.

지오이드는 지표면의 70%를 차지하는 해수면의 평균을 잡아서 육

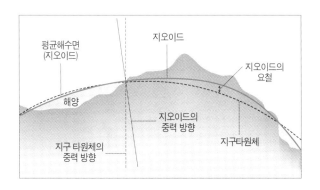

지까지 연장한 것으로 어디에서나 중력 방향에 수직이며, 해양에서는 평균해수면과 일치하고 육상에서는 땅 속을 통과하게 된다. 또한 그 높이가 항상 0m로, 측량 해발고도의 기준면이 된다.

지오이드면은 실제 지구 모양과 지구타원체의 중간에 위치한다고 생각하면 기억하기 쉽다.

## 지진 地震 ■■

지층에 축적되어 있던 변형력이 일시에 방출되며 땅이 흔들리는 현상. 지구 내부의 변화로 일어나는 판 운동이나 화산 활동으로 인해 돌발적으로 지층이 뒤틀리는 현상이다.

오랜 기간에 걸쳐 대륙의 이동, 해저의 확장, 산맥의 형성 등에 작용하는 지구 내부의 커다란 힘에 의해 발생된다. 이 밖에도 화산 활동, 지하 동굴의 함몰 등으로 지진이 발생하지만 이 경우에는 그 규모가 비교적 작다. 대부분의 지진은 단층과 함께 발생한다.

## 지진대 地震帶 ■■

지진은 모든 지역에서 고르게 발생하기보다 대부분 지구(地溝)를 둘러싼 띠 모양의 제한된 지역에서 발생하는데, 이 지역을 지진대

라 한다. 전세계에서 지진 활동이 가장 활발한 태평양 연안의 환태
평양 지진대는 아메리카 대륙의 서해안에서 알류샨 열도 · 캄차카
반도 · 쿠릴 열도 · 일본 · 필리핀 · 동인도 제도를 거쳐 뉴질랜드로
이어져 있다. 다음으로는 알프스－히말라야 지진대로, 대서양의 아
조레스 제도에서 지중해 · 중동 · 인도 북부 · 수마트라 섬 · 인도네
시아를 거쳐 환태평양 지진대와 연결된다.

## 지진파 地震波 ■ ■ ■

지진에 의한 파동을 말하며, 지진파는 크게 실체파와 표면파로 나
눈다. 실체파에는 P파(primary wave)와 S파(secondary wave)가
있다. P파는 그 속도가 S파보다 빠르므로 관측소에 먼저 도달하며,
P파가 전파될 때는 매질이 전파 방향으로 진동한다. 이에 비해 S파
는 전파 방향에 수직으로 진동하며 전파되지만 강성률(剛性率)이 0
인 액체를 통과하지는 못한다. 실체파는 진원으로부터 출발해서 지
구 내부를 통과하여 지표면에 이르는 반면, 표면파는 지구 내부를
통과하지 못하고 지표면을 따라서 전파한다. 표면파에는 레일리파
와 러브파가 있다. 실체파의 경우에는 주로 진앙과 관측소까지의
거리에 대한 P파 및 S파의 전파시간의 함수 관계(주시 곡선)를 분
석하여 지구 내부에서 지진파의 속도 분포를 결정한다.
지각의 구조는 주로 지각 내의 상이한 지층에서 반사 · 굴절되는 지
진파의 주시 곡선을 분석하여 결정한다. 지각과 맨틀의 경계면은
모호로비치치 불연속면이고 평균깊이는 대륙의 경우 약 30km, 해
양에서는 약 5km이다. 모호로비치치 불연속면에서 깊이 약
2,900km까지가 맨틀이며, 이 부분에서 지진파의 속도는 상부 맨
틀저속도층에서의 감소를 제외하고는 서서히 증가한다.
맨틀의 안쪽에 핵이 있다. 핵에서 P파의 속도는 급격히 감소하고 S

파는 통과하지 못한다. 핵은 내핵과 외핵으로 나뉘며 그 경계면은
지표에서 약 5,100km 깊이에 있다. 내핵에서 P파의 속도는 다시
증가한다. 외핵은 S파가 통과하지 못하므로 액체상태인 것으로 추
정한다. 이렇듯 지구 내부의 구조는 지진파의 연구로 밝혀졌다.

## 지질도 地質圖 ■■

지형도에 지질 구조, 지층의 종류, 지층 경계선들을 나타낸 것이다.
지질도 중 정해진 노선을 따라가면서 노두(露頭)에 나타난 암석의
종류, 지질 구조, 지층의 주향과 경사 등을 지형도 위에 기호로 표
시한 것을 노선 지질도라 한다.
지질도는 여러 곳의 노선 지질도를 종합하여 작성한 것으로, 이웃
하는 동일한 암석끼리 연결하고 서로 다른 암석과는 주향과 경사를
고려하여 경계선을 그으며 지질도를 완성한다.

| 지질도에 사용되는 기호 |

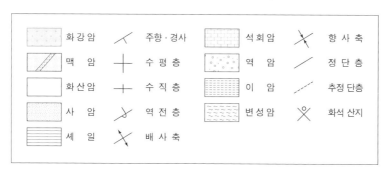

| | | | |
|---|---|---|---|
| 화강암 | 주향 · 경사 | 석회암 | 향 사 축 |
| 맥 암 | 수 평 층 | 역 암 | 정 단 층 |
| 화산암 | 수 직 층 | 이 암 | 추정 단층 |
| 사 암 | 역 전 층 | 변 성 암 | 화석 산지 |
| 셰 일 | 배 사 축 | | |

## 지층 地層 ■■■

퇴적물이 쌓여 형성된 층.
자갈 · 모래 · 진흙 · 화산재 등이 해저나 강바닥 또는 지표면에 퇴적

하여 층을 이루고 있는 것으로, 지층을 이루는 암석을 퇴적암이라고 한다. 지층에는 물 밑에서 퇴적한 수성층과 지표면에서 형성된 육성층 · 풍성층으로 구분하고, 수성층은 다시 퇴적층이 생긴 장소가 어디냐에 따라 해성층 · 호성층 · 하성층으로 구분한다.

## 지층누중의 법칙 地層累重 法則 ■■■

신문을 차곡차곡 쌓아 놓았을 때 아래에 있는 신문이 오래 전의 신문인 것처럼 일련의 지층에서 위쪽 지층이 아래쪽 지층보다 나중에 만들어진다는 법칙이다. 지층의 상대적인 생성 순서를 밝혀준다.

## 지평선 地平線 ■■

지구상의 한 지점에서 볼 때 평평한 지표면 또는 수면이 하늘과 맞닿아 이루는 선.
천문학에서는 지상의 관측자를 지나는 연직선에 직교하는 평면과 천구와의 교선을 천구의 지평선이라고 한다.

## 지평좌표계 地平座標系 ■■

천체의 위치를 나타내기 위한 가장 단순한 좌표계로 고도와 방위각으로 표시한다. 방위각(azimuth)은 북점에서 천체가 있는 수직권과 지평이 만나는 점까지 지평선을 따라 동쪽 방향으로 측정한 각거리로, 방위각은 0°~360°까지이다.
고도(altitude)는 지평선에서 천체 현상의 위치까지 수직권을 따라 잰 가장 짧은 각거리로, 0°

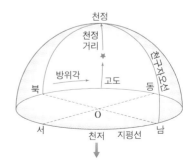

(지평선)~90°(천정)까지이다. 고도 대신 천정거리(zenith distance)를 사용하기도 하는데, 천정거리는 고도의 여각에 해당한다.

## 지하수 地下水 ■

지하에 포화된 상태로 들어 있는 물.

지표에 내린 빗물은 지표로 흐르기도 하고 토양 속에 스며들어 하천으로 유입되기도 하며, 일부는 지하에 침투하여 암석의 틈이나 공극을 채운다. 이렇게 지하수로 포화된 부분의 상한을 지하수면(water table)이라 한다. 지하수면은 지형의 기복에 따라 파형을 이루며 계속 이동하여 강수량에 따라 상승, 저하된다.

지하수는 일반적으로 연중 비교적 일정한 온도를 유지한다. 또한 지하수층의 자정(self purification) 작용으로 높은 수준의 수질을 유지하고 있기 때문에 지하수는 지표수와 함께 중요한 수자원의 역할을 하고 있다.

건천시에는 하천 유량의 유일한 공급원이기도 하므로 지하수를 수자원으로 이용하기 위해서는 지하수 수리(hydraulics of ground water)를 정확하게 이해해야 한다. 지하수는 중력 작용에 의한 저

| 지하수 개념도 |

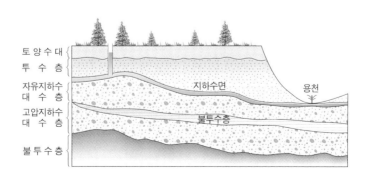

항이 적은 지층을 찾아 토사 간극을 지나서 흐른다. 이 때 만약 불투수층에 막히면 그곳에서 정체하여 대수층(aquifere)을 이룬다. 일반적으로 지하수를 함유하는 지층을 함수층(wet stratum)이라 부르고 지하수의 표면은 지하수면, 그 수면 위치를 지하수위(ground water level)라 한다.

## 지형류 地衡流 ■ ■

거리에 대한 압력의 변화비율인 압력경도와 코리올리의 힘(전향력)에 의해 발생하는 해류로, 지균류라고도 한다.

바람에서 지균풍과 마찬가지로 수압경도력과 전향력이 평

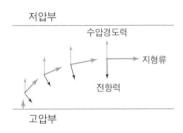

형을 이루어 등수압선과 나란하게 흐른다. 북반구에서는 압력이 낮은 쪽이 왼편에, 남반구에서는 오른편에 놓이게 된다. 바닷속의 밀도 분포를 알면 역학적인 계산으로 그 모형을 구할 수 있는데, 실제의 해류는 지형류에 가까울 뿐이며 다른 변인에 의해 다양하게 변화한다.

## 직접 순환 直接循環 ■

지구 대기의 순환에서 열대류에 의해 일어나는 순환.

지구 대기의 열 순환은 몇 가지 이유 때문에 그림에서와 같이 3개의 순환 세포를 가지고 이동한다. 이 3개의 세포를 각각 해들리 순환(hadley circulation), 중위도의 페렐 순환(ferrel circula-tion), 그리고 한대 순환(polar circulation)이라 한다.

해들리 순환과 한대 순환은 온난 공기의 상승과 한랭 공기의 하강에 의해 생기는 열대류이지만, 중위도의 페렐 순환은 두 개의 직접 순환에 의해 생기는 순환으로 한랭 공기가 상승하고 온난 공기가 하강하는 간접 순환이다. 따라서 열대류에 의한 직접 순환은 위치 에너지에 의해 순환이 일어나지만 중위도의 간접 순환은 에너지의 소모에 의해 유지되고 있는 것이다.

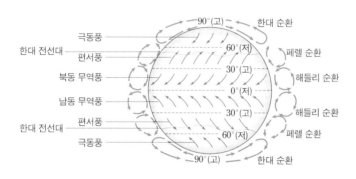

## 진앙 震央 ■ ■ ■

지진이 발생한 지하의 진원 바로 위에 해당하는 지표상의 지점을 가리키며, 진원지라고도 한다.

실제의 진원이나 진앙은 상당한 넓이를 가지고 있어 대규모의 지진일수록 진앙의 범위도 넓어진다. 보통 지진의 피해가 가장 큰 지역이다.

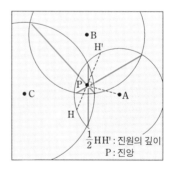

진앙의 위치는 여러 관측소에서 PS시(P파가 도달한 후 S파가 도달할 때까지의 시간)를 이용해 진원거리를 구하고, 이를 반지름으로 지도상에 원을 그린다. 이 세 원의 공통현의 교점이 진앙이 된다.

## 진원 震源 ■ ■

지구 내부에서 지진이 최초로 발생한 지점이다. 지하 50~60km의 맨틀 최상부 지역이 지진이 가장 잘 발생하는 곳이다.

진원의 깊이 300km 이상의 지진은 심발 지진이라 하여 보통의 지진과 구별하기도 한다.

진원을 찾는 방법으로는 P파와 S파의 도달시간의 차(PS시간)를 이용하는 방법과 지진파가 진원으로부터 관측점에 도달하는 데 걸리는 시간과 진원거리의 관계를 나타낸 주시 곡선을 이용하여 산출하는 방법 등이 있다.

진앙의 위치를 알아낸 후, 그림과 같은 방법으로 진원까지의 거리를 반지름으로 하는 원과 관측소에서 진앙을 지나는 선분을 그리고 이 선에 수직인 최단현의 1/2이 진원의 깊이가 된다.

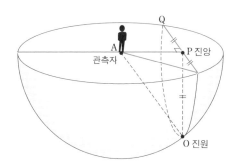

## 쪼개짐 ■ ■ ■

광물이 외부적인 힘을 받아서 평탄한 면을 보이며 쪼개지는 성질.

광물의 쪼개짐은 원자 내부배열에 의한 결합력의 차이에 의해 결정된다. 결합력이 큰 원자들 사이에서 쪼개짐면이 발달하게 된다.

운모는 한 방향의 쪼개짐이, 방해석은 마름모꼴의 두 방향의 쪼개짐이, 방연석은 육면체면의 세 방향으로 쪼개짐이 발달한다.

## 채층 彩層 ■■

태양 광구면 바로 위 1만km의 붉은 가스층으로 두께가 약 500km, 온도가 4,500~6,000K에 이르는 대기층을 말한다.

채층은 정상적인 상태에서는 보이지 않고 개기일식 때 달이 태양의 광구를 완전히 가리는 순간 수 초 동안 관찰할 수 있다. 이 때 채층은 옅은 붉은 색의 고리 모양으로 보인다.

## 천구 天球 ■■

천체의 위치를 정하기 위해서 설정한 관측자를 중심으로 하는 반지름과 무한대의 구면.

천체를 그 위에 투영해서 나타낸다. 천구상의 두 지점 간의 거리는 천구의 반지름과 같게 잡은 중심각으로 나타내도록 되어 있다. 천구상에는 여러 지점이 정의되어 있다.

• 지평선 : 관측자를 중심으로 지평면을 연장했을 때 천구와 만나는 대원.

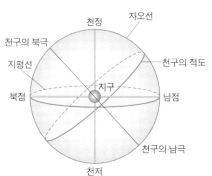

• 천정과 천저 : 관측자를 지나는 연직선이 천구와 만나는 두 점 중 머리 위의 점을 '천정'이라 하고, 아래의 점을 '천저'라 한다.

• 천구의 북극과 남극 : 지구 자전축의 연장선이 천구와

북쪽에서 만나는 점을 '천구의 북극', 남쪽에서 만나는 점을 '천
구의 남극'이라 한다.

- 자오선 : 천구의 북극과 남극, 천정과 천저를 지나는 천구의 대원.
- 수직권 : 천정과 천저를 잇는 수없이 많은 대원.

### 천발 지진 淺發地震 ■

진원의 깊이가 100km 미만의 얕은 지진으로 해저 산맥에서 발생
하는 지진은 주로 천발 지진이다.

### 천왕성 天王星, Uranus ■■

태양계의 제7행성으로 1781년 F. W. 허
셜이 발견함으로써 토성의 바깥쪽에도 행
성이 있다는 사실이 밝혀졌다. 태양으로
부터의 평균거리는 19.218AU(28억
7,500만km), 공전주기는 84.022년이다.
적도반지름은 2만5,400km로 지구의 4
배에 가깝지만, 먼 곳에 있고 충(衝) 무렵
에도 시지름이 3.8초, 밝기는 5.3등급에 불과하므로 육안으로는 겨
우 보인다. 질량은 지구의 14.5배이고 평균밀도는 1.30g/cm³, 표
면중력은 지구의 0.89배이다.

천왕성은 자전축이 그 궤도면에 대해 98°나 기울어져 있으므로 거
의 가로로 쓰러진 모양으로 자전하고 있다. 이 때문에 한 번 공전하
는 동안 2번씩 태양이나 지구 쪽으로 그 적도와 양극을 교대로 향한
다. 따라서 자전으로 밤과 낮이 바뀌지 않고, 밤과 낮이 각각 몇 년
씩 계속된다. 극 방향이 지구를 향해 있을 때는 거의 원형으로 보이
지만 적도가 지구를 향해 있을 때는 타원형으로 보이며, 그 편평도

는 0.03 정도이다. 표면의 모양이 선명하지 않으므로 자전주기는 십수 시간으로 추정되었지만, 1986년 1월 접근관측한 보이저 2호에 의해 16.8시간 정도라는 것이 밝혀졌다.

천왕성은 목성형 행성인데, 목성과 토성보다 작으며 내부 구조도 조금 달라 암석질인 중심 핵, 얼음인 맨틀, 주로 수소와 헬륨인 상층의 3층으로 알려져 있다. 표층인 대기 중에는 이전부터 메탄의 존재가 알려져 있었고, 이 행성이 초록색으로 보이는 것은 스펙트럼의 적색부에 있는 메탄의 강한 흡수대 때문이다. 또한 보이저 2호는 아세틸렌의 존재도 확인하였다. 높은 반사율(0.66) 때문에 천왕성의 대기는 구름처럼 보인다.

1977년 천왕성이 다른 별빛을 가리는 엄폐 현상을 이용한 지상 관

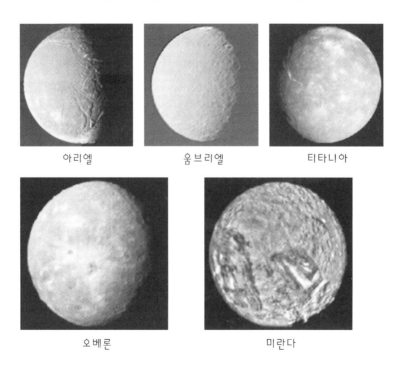

아리엘                움브리엘                티타니아

오베론                미란다

측에서, 천왕성에는 가느다란 고리가 있다는 사실이 밝혀졌다. 그 뒤 같은 모양의 관측으로 9개의 가느다란 고리가 있음이 확인되었는데, 보이저 2호는 이것들을 상세히 관측하였고 그 밖에도 새로운 고리가 존재한다는 사실을 확인하였다.

지구에서 관측한 천왕성에는 아리엘(Ariel) · 움브리엘(Umbriel) · 티타니아(Titania) · 오베론(Oberon) · 미란다(Miranda) 등 5개의 위성이 있다는 사실이 알려졌으며, 보이저 2호는 이들 위성의 표면 지형을 처음으로 관측하였다. 이들 위성의 표면은 모두 두꺼운 얼음으로 덮여 있고 많은 분화구가 있음이 발견되었다. 그 가운데에서도 3만5,000km까지 접근하여 촬영한 미란다의 표면에서 단층이나 긁힌 자국과 같은 복잡한 지형이 보였다. 또 새로이 10개의 작은 위성도 발견했는데 그 가운데 가는 고리의 바로 안쪽과 바깥쪽을 돌고 있는 양치기 위성도 있으며, 고리를 구성하고 있는 입자가 이 인력으로 가는 고리 속에 갇혀 있다는 것도 알아내었다.

## 천정거리 天頂距離 ■

천정에서 천체를 지나는 대원을 그렸을 때, 천정에서 천체까지의 각도를 말한다. 고도의 여각이 된다.

## 천해파 淺海波 ■ ■

수심이 파장의 1/2배보다 얕은 곳에서 일어나는 파도.
물 입자는 타원 운동을 하며 파의 속력은 수심의 제곱근에 비례한다. 장파라고도 한다.

## 초신성 超新星 ■ ■ ■

진화의 마지막 단계에 이른 별이 폭발하면서 생기는 엄청난 에너지를 순간적으로 방출하여 그 밝기가 평소의 수억 배에 이르렀다가 서서히 낮아지는 별.

마치 새로운 별이 생겼다가 사라지는 것처럼 보이기 때문에 초신성이라고 한다.

초신성이 폭발로 인해 분출하는 운동 에너지는 $10^{51}$erg 정도이며, 전 에너지 방출은 $10^{53}$erg에 달한다. 폭발한 후 처음 몇 주 동안은 절대등급이 $-19 \sim -20$등급에 이르는데, 이는 은하를 구성하는 약 10억 개 별들의 밝기를 모두 합한 것과 맞먹는 정도이다. 그러나 실제로 우리가 가시영역에서 보는 초신성 에너지는 전체 에너지의 1%에 불과하다. 초신성으로부터 나오는 대부분의 에너지는 중성미자(neutrino)의 형태로 나오며, 운동 에너지는 20,000km/s 이상의 속도로 우주 공간 속으로 흩어지는 폭발 잔해물에 의해서 나온다. 폭발로 인한 충격파와 폭발 후 찌꺼기들은 초신성의 잔해물들을 만들며, 게 성운(Crab Nebula) 등이 대표적이다. 폭발 후 약 10만 년 이상 그 모습을 유지하게 된다. 이들은 대부분 밝은 전파원이나 X-선원의 위치와 일치한다.

초신성의 중심에는 중성자별이나 블랙홀이 형성되는 것으로 알려져 있으며 우주선의 주요 발생원이기도 하다. 초신성 폭발은 폭발 전 별 내부에서 핵 융합 반응에 의해 만들어졌던 중원소들과 폭발 시 중성자의 포획 과정으로부터 만들어지는 중원소들을 성간가스의 형태로 우주 공간에 분산시킨다. 이러한 성간가스들은 우주 공간 속에서 새로운 별의 형성원이 된다.

초신성은 절대등급이 아주 밝기 때문에 은하들의 우주론적 거리 측정의 기준으로서 사용된다. 최근에는 1년에 20여 개 이상의 초신성이 외부 은하에서 발견되고 있다. 초신성의 이름은 발견된 해와 발견된 차례에 따라 알파벳순으로 붙여지는데, 예를 들면

SN1979C는 1979년 세 번째로 발견된 초신성임을 의미한다.

초신성의 분류는 1940년대 R. L. 민코프스키에 의해서 시작되었
다. 민코프스키는 초신성의 밝기가 최대로 되었을 때의 스펙트럼
을 분석하여 형태 I과 형태 II로 분류하였다. 형태 I은 수소에 의한
흡수선 또는 방출선이 전혀 관측되지 않으며, 형태 II는 수소선이
관측된다. 또한 폭발 후 시간에 따르는 광도의 변화도 서로 다르게
나타난다. 고전적 의미의 형태 I 초신성은 매우 표준적인 광도 곡
선의 특성을 보인다. 최근의 연구에 따르면, 형태 I은 쌍을 이루
고 있는 백색 왜성으로의 물질 유입이 일어나 그 질량이 찬드라세
커의 질량한계인 태양 질량의 1.4배를 넘음으로써 정역학적으로
불안정해져 생기는 폭발 현상으로 설명되고 있다. 형태 II 초신성
은 형태 I과는 달리 스펙트럼에 수소선이 나타나므로 수소 외곽층
을 갖고 있는 태양 질량의 10~20배에 달하는 별들의 폭발 결과
나타난 것으로 알려져 있다.

## 초은하단 超銀河團 ■

수많은 별들이 모여서 은하계를 구성하듯, 은하들이 모여서 이룬
초대규모의 은하 집단.

은하군과 은하단이 모여서 이룬 은하 집단을 말하며 규모가
100Mpc 정도이다. 은하들은 모여 은하군을 이루고 은하군은 은하
단을, 은하단은 초은하단을 이룬다. 우리 은하는 '국부초 은하단'에
속한다.

## 최대이각 最大離角 ■ ■ ■

지구상의 관측자가 볼 때 어느 천체가 태양으로부터 떨어진 거리를
각도로 나타낸 것을 이각이라 하는데, 이각이 최대가 될 때를 최대

이각이라 한다. 내행성에서는 그림과 같이 동방 최대이각과 서방 최대이각이 있다. 동방 최대이각의 위치에 있을 때는 초저녁의 서쪽 하늘에서 보이고, 서방 최대이각의 위치에 있을 때는 새벽의 동쪽 하늘에서 관측할 수 있다.

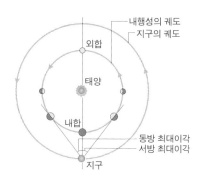

### 추분점 秋分點 ■ ■

천구상에서 황도와 적도의 교점 가운데 태양이 북쪽에서 남쪽을 향하여 적도를 통과하는 점이다. 태양의 위치가 적경이 12시, 적위 $0°$인 지점으로, 현재는 사자자리와 처녀자리의 중간에 위치한다.

▶ 그림 참조 → 동지점

### 춘분점 春分點 ■ ■ ■

추분점에 대응되는 점으로, 천구의 적도와 황도의 두 교점 중에서 태양이 적도의 남쪽에서 북쪽으로 통과할 때의 점이다. 태양이 춘분점을 지날 때의 위치는 적경 0시, 적위 $0°$이다.

천체의 위치를 나타내는 데 주로 사용하는 적도좌표계의 기준점이며 항성시의 기준점이 된다.

▶ 그림 참조 → 동지점

### 출몰성 出沒星 ■ ■

천구의 일주 운동에 따라 지평선을 출몰하는 별.

위도 $\varphi$인 지방에서는 적위가 $-(90-\varphi) < $ 적위 $< 90-\varphi$인 별은 출몰

성이다. 적도 지방에서는 모든 별이 출몰성이 된다.

▶ 그림 참조 → 전몰성

## 충돌은하 衝突銀河 ■

은하들이 서로 충돌하는 모습을 보이는 은하.

은하들은 인력으로 서로 상호작용을 하는데, 때로는 상호작용하는 단계를 넘어서면 충돌에 이를 수도 있다. 은하 간의 충돌은 우주에서 가장 웅장한 사건이다. 은하들이 정면으로 충돌하면 더욱 극적인 일이 벌어진다. 충돌을 일으킨 두 은하는 급격한 중력장의 변동을 일으켜 그 모양이 심하게 뒤틀어지고 심지어는 우주 공간에 별을 쏟아버리는 일이 일어날 수도 있다.

## 취송류 → 에크만 취송류 ■

## 측방침식 側方浸蝕 ■

주로 측면으로 일어나는 침식 작용.

유수에 의한 침식 작용에는 침식의 방향에 따라 하방침식, 측방침식 등으로 구분한다. 이 중 측방침식이란 옆 방향으로 침식 작용이 활발하게 일어나는 것을 말한다. 측방침식의 진행으로 곡류가 형성되고 지형이 평탄해진다.

## 층류 層流 ■■

유체의 규칙적인 흐름.

지상 1km 이하의 마찰이 작용하는 대기 경계층에서는 복잡하고 불규칙적인 난류가 발생하고 마찰력이 작용하지 않는 높은 상공의 대기에서는 층류가 발생한다.

## 층리 層理 ■■■

지층에서 볼 수 있는 암석의 층상 배열상태.

퇴적물의 종류나 시간 간격으로 인해 평행한 줄무늬가 나타나는데, 이를 층리라 한다. 좁은 뜻으로는 엽리에 대해 두께 1cm 이상의 층상 배열을 층리라 하기도 한다.

용암이나 유문암 등과 같이 마그마의 흐름에 의해 나타나는 평행한 구조는 층리라 하지 않는다.

## 침강류 沈降流 ■

에크만의 이론에 의하면, 북반구에서는 풍향에 직각 오른쪽 방향으로 해수가 이동한 결과 주위에서 그곳을 채우기 위해 해안을 따라

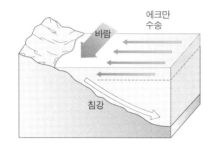

부는 바람의 방향에 따라 해류가 이동하게 된다. 이러한 해류를 보류라고 한다.

보류에는 심층에서 찬 해수가 솟아오르는 용승류와 표층에서 침강하는 침강류가 있다.

## 침강 속도 沈降速度 ■

퇴적물이 물 속에서 가라앉는 속도.

퇴적물의 밀도와 모양에 따라 침강 속도가 달라진다. 입자의 크기가 작을수록 침강 속도가 느려지지만 같은 크기의 입자일 경우에는 입자가 둥글수록 밀도가 클수록 침강 속도가 빨라진다.

# ㅋ

## 카르 Kar ■ ■

빙하에 의해 생긴 반원상의 오목한 지형으로, 권곡이라고도 한다.
만년설이 쌓여서 빙하가 되면 빙하는 자체의 무게와 활동력에 의해
흘러내리면서 침식하고, 빙하 주변과 빙체 중에 생긴 크레바스
(crevasse : 빙하 속에 생긴 깊은 균열), 또는 외계의 기온 변화에 의
한 암석의 파쇄 작용 등으로 경사가 급한 벽과 경사가 완만한 바닥
으로 형성된 반원형의 카르 지형을 만든다. 카르의 바닥은 비탈면
의 경사에 대해 역경사인 때가 있어서 이곳에 물이 괴어 빙하호를
형성하는 경우도 있다.

2개의 권곡이 인접하면 그 사이의 봉우리는 날카로운 능선이 되

고, 3개의 권곡이 발달하면
마터호른 · 핀스터아르호른
과 같은 뾰족한 봉우리가 된
다. 알프스를 비롯하여 세계
의 높은 산이 모여 있는 큰
산맥에는 어디서나 카르를
볼 수 있다.

## 카르스트 지형 Karst topography ■ ■

석회동굴의 함몰에 의해 형성된 우묵한 함몰지를 돌리네라 하는
데, 돌리네가 발달한 석회암 지형을 카르스트 지형이라고 한다.
이곳에는 석회암이 물과 탄산가스에 용식을 받아 생성된 다양한

지형이 발달되어 있다. 주요 지형으로는 석회동, 돌리네(doline), 우발레(uvale, 우발라), 라피에(lapies, 카렌) 등을 들 수 있다.

우리 나라에서는 고생대 조선계 지층의 석회암이 분포하는 평안남도, 황해도와 강원도 남부, 충청북도 북동부, 경상북도 북부에서 카르스트 지형이 널리 나타난다. 여러 개의 돌리네가 합쳐져 생긴 와지를 우발레라고 한다. 우발레는 평탄한 저지대를 이루며 대부분 밭으로 개간되었다. 우리 나라에서는 삼척 · 단양(매포) · 영월 등지에 돌리네가 집중적으로 분포하고 있다. 한편, 카르스트 지형

단양의 우발레

이 널리 분포하는 곳의 토양은 붉은 색을 띠는 적색토(테라로사)가 많다. 이는 석회암이 용식되고 남은 불순물들 중에 적색을 띠는 철산화물이 많기 때문이다.

## 칼데라 caldera ■

화산 폭발 후 화도가 함몰하여 형성된 지형.

보통 화구는 지름 1km를 넘지 못하지만 곳에 따라 2~20km에 달하는 넓은 화구상의 오목한 지형이 발달한다. 이렇게 규모가 큰 화산성 요지는 폭발이나 침식에 의해 생기는 것이 아니라 대부분 함몰에 의해 형성된 것으로 이를 칼데라라 한다. 울릉도에 있는 나

나리 분지

리 분지는 지름이 약 6km이다.

백두산 천지처럼 화구에 물이 고이면 화구호라 하지만, 칼데라에 생긴 호수는 칼데라호라 한다.

### 캄브리아기 Cambrian period ■

고생대를 6개의 기로 세분할 때 고생대 초기에 해당하는 지질시대. 지금으로부터 약 6억 년 전부터 5억 년 전까지 대략 1억 년간의 기간이다. 이 시대의 초기에 대동물군이 발생하여 척추 동물을 제외한 모든 동물군이 출현하는 생물 진화상의 대사건이 있었다. 그러나 아직 대부분 동물의 각질부가 석회질보다는 유기질로 되어 있으며, 주로 삼엽충과 완족 동물이 지배적이었다. 특히 삼엽충은 이 시대의 가장 대표적인 고생물로 캄브리아기 지층에서 발견되는 약 1,500종의 동물종 중 53%를 차지하며, 캄브리아기를 삼엽충 시대라 하는 이유도 여기에 있다.

### 캐스트 → 몰드와 캐스트 ■■■

### 케플러 법칙 Kepler' s laws ■■■

독일의 천문학자 요하네스 케플러(1571~1630)에 의해 유도된 행성의 운동에 관한 법칙.

케플러는 16세기 네덜란드의 천문학자였던 T. 브라헤의 관측 자료를 분석하여 1609년에는 제1법칙 · 제2법칙(면적속도 일정의 법칙)을 발표했고, 제3법칙은 약 10년이 지난 1619년에 발표했다.

케플러 제1법칙은 모든 행성은 태양을 하나의 초점으로 하는 타원궤도를 그리며 태양 주위를 공전한다. 제2법칙은 한 행성과 태양을 연결하는 동경 벡터는 동일한 시간 간격 동안 같은 면적을 휩쓸고

지나간다. 제3법칙은 행성의 항성주기(공전주기)의 제곱은 그 행성
으로부터 태양까지의 평균거리의 세제곱에 정비례한다.

이 법칙들 가운데 특히 제2법칙은 1684~1685년 I. 뉴턴이 지구와
달 사이, 그리고 태양과 행성 사이의 중력 법칙들을 계산할 때 결정
적으로 중요한 역할을 했다.

### 코로나 corona ■ ■

채층의 바깥쪽에 개기일식 때 태양
반지름의 수 배 정도까지 하얀 진주
빛으로 빛나는 대기층.

온도는 100만K이나 되는 고온이지
만, 밀도가 극히 희박하기 때문에
가장 밝은 아랫부분에서도 광구 밝
기의 100만분의 1 정도로 매우 약하다.

### 크레이터 → 달, 토성 ■

## 타원은하 楕圓銀河 ■ ■ ■

모양에 따라 은하를 분류할 때 타원 형태의 은하.

타원은하는 마치 나선은하의 핵과 같이 보일 뿐 나선팔이 없다.

편평도에 따라 E0에서 E7까지 분류되는데, E0는 구형에 가깝고 E7은 가장 납작한 형태를 보인다. 일반적으로 원반부가 없는 중심으로부터 주변으로 가면서 완만하게 어두워지는 형상을 하고 있다.

타원은하에는 가스 등의 성간물질이 거의 없고 O·B형 별을 포함하지 않으며, 대부분 구상성단과 비슷한 항성계로써 종족 II에 속한 별들로 구성되어 있다. 이 때문에 타원은하는 흡수물질에 의한 내부 구조나 밝기가 결여되어 있어 구조가 단순하다. 다만, 스펙트럼에 수소 H$a$선·산소 금지선을 보이는 것도 있다.

이들의 표면밝기는 은하의 중심으로부터 외부로 갈수록 어두워진다. 타원은하의 질량은 전 질량이 태양의 1조 배를 넘는 거대한 것에서부터 100만 배 이하의 작은 것까지 여러 가지가 있다.

타원은하 중에서도 특히 화학로자리·사자자리·조각실자리 등의 은하군에서 보이는 작은 타원은하를 소형 타원은하라고 한다. 크기는 2pc(6광년) 정도이고 절대등급은 −10~−12등급의 작은 것들이다.

▶ 그림 참조 → 은하 분류

### 탄산염광물 炭酸鹽鑛物 ■

탄산을 주성분으로 하는 광물.
염산과 반응하여 이산화탄소 기체를 발
생시킨다. 대표적인 광물로는 방해석이
있다.

방해석

### 태양 太陽, Sun ■■■

태양계 전 질량의 99.8% 이상을 차지하며, 태양계의 중심에 자리
하여 지구를 비롯한 9개 행성과 위성 · 혜성 · 유성물질 등의 운동을
직접 또는 간접으로 지배하고 있는 별이다.

지름은 139만km, 질량 $1.989 \times 10^{30}$kg, 표면온도는 6,000K이며
중심부의 온도는 약 1,560만K 정도이다. 지구에서 가장 가까운 별
로서 표면의 모양을 관측할 수 있는 유일한 별이다. 또한 인류의 주
요 에너지 공급원이다.

지구에서의 평균거리는 1억 4,960만km이다. 지구가 근일점을 지
나는 1월 초에는 평균거리보다 250만km가 가까워지고, 원일점을
지나는 7월 초에는 마찬가지로 250만km 더 멀어진다. 우리가 관
찰할 수 있는 태양의 표면을 광구라 한다. 태양의 표면에서는 흑점,
쌀알무늬, 홍염, 플레어
(flare), 코로나(corona) 등
을 관찰할 수 있다.

태양은 약 46억 년 전에 기
체 덩어리가 응축하기 시작
하면서 형성되었다. 질량이
응축됨에 따라 중심부에는
높은 온도와 높은 압력상태

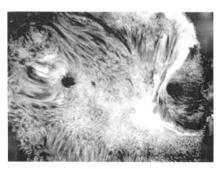

흑점과 플레어

가 되었을 것이고 결국 핵 융합을 일으킬 수 있는 상태에까지 이르렀을 것이다. 그 후 태양은 지금까지 수소가 헬륨으로 바뀌는 핵 융합에 의해 태양계에 에너지를 공급하고 있다.

태양이 수소를 모두 소모시키고 나면 적색 거성으로 부풀어올라 수성과 금성을 삼켜버리고 지구 궤도 근처까지 커지게 될 것이다. 그 후에 태양의 외곽층은 공중으로 흩어져 태양을 둘러싼 행성상 성운을 형성하고, 가운데 부분은 백색 왜성의 단계를 거쳐 흑색 왜성이 되어 별로서의 일생을 마감한다.

## 태양력 太陽曆 ■ ■

태양의 연주 운동주기인 1회귀년을 기준으로 정한 역법.

달의 모양 변화주기를 이용한 태음력과 상대되는 역법이다.

태양력의 기원은 이집트로 알려져 있다. 이집트에서는 일찍부터 나일강이 범람할 때면 동쪽 하늘의 일정한 위치에 시리우스(큰개자리 $\alpha$별)가 나타난다는 사실을 알아냄으로써 태양력을 만들 수 있었다. BC 18세기경 이집트인들은 1년을 365일로 하고, 이것을 30일로 이루어진 12달과 연말에 5일을 더하는 식으로 달력을 만들었다.

그리고 그 후 시리우스와 태양의 관계를 좀더 자세히 관측하여 1년이 365.25일이라는 것을 알게 되었다. 이것이 율리우스력에 채용되어 4년마다 1일을 더하는 윤년이 생겼고, 1582년 다시 1년의 평균길이를 365.2425일로 하는 그레고리력에 인계되어 현재에 이르고 있다.

그레고리력에서는 4년마다 윤년을 택하되, 100으로 나뉘는 해는 윤년으로 하지 않고 다시 400으로 나뉘는 해는 윤년으로 하여, 400년에 97번의 윤년을 두어 1년의 평균길이에 맞춘 역법이다.

## 태양 상수 太陽常數 ■ ■ ■

지구 표면에서 태양광선에 수직으로 놓은 $1cm^2$의 넓이에 1분 동안 도달하는 태양 복사에너지.

태양 상수는 약 $2cal/(cm^2 \cdot min)$ 정도이고 1초 동안에 태양이 우주 공간에 방출하는 에너지의 양은 $9.2 \times 10^{22}kcal$이다.

## 태양시 太陽時 ■ ■

천구상의 태양의 일주 운동을 기준으로 하여 만든 시간.

태양의 시간각에 12시를 더한 시각 체계이다. 태양의 겉보기 운동에 의한 시간을 시태양시라고 한다. 시태양시는 태양이 어떤 지역에서 남중할 때를 12시, 한밤중을 0시로 잡는다. 시태양시는 지구의 공전 궤도가 타원이므로 근일점 부근에서 빨라지고, 원일점 부근에서 늦어지는 등의 연주 변동이 생긴다. 또한 지구의 공전 궤도면이 지축에 대해 약간 기울어 있기 때문에 이에 따른 변동이 생긴다.

이처럼 시태양시는 그 흐름이 일정하지 않고 수시로 변하기 때문에 보다 정확한 시간을 얻기 위해 천구상에서 균일한 운동을 하는 가상의 태양을 정하여 이를 기준으로 시간을 정할 필요가 있었는데, 이를 평균태양시라고 한다.

시태양시에서 평균태양시를 뺀 것이 균시차이다. 균시차는 2월 11일경에는 −14분 18초, 11월 3일경에는 +16분 24초에 달한다. 평균태양시는 실제로는 항성을 기준으로 하여 정해지는 항성시에서 환산하여 정한다.

## 태양일 太陽日 ■

태양이 남중하여 다시 남중할 때까지의 시간.

태양일에는 겉보기 태양을 기준으로 정한 시태양일과 평균태양을 기준으로 정한 평균태양일이 있다. 1태양일을 24등분하여 정한 시각 체계가 태양시로서 일상생활에서 사용하고 있는 시각 체계이다.

## 태양풍 太陽風 ■■

태양에서 분출되는 플라스마의 흐름.

코로나 속의 높은 온도 때문에 그곳에 있는 수소와 같은 기체 원자는 그것을 구성하고 있는 전자와 그 핵, 즉 양자가 따로따로 분리될 수 있어서 기체와는 다른 '플라스마(plasma)'를 형성한다. 이 플라스마는 태양의 높은 온도 때문에 아주 빠른 속도로 움직이게 된다. 또 일부는 태양으로부터 멀리 떨어진 곳으로 튀어나와 우주 공간에 흩뿌려진다.

플라스마의 흐름이 바람과 비슷해서 '태양풍'이라 부르고 실제적으로도 태양풍은 가벼운 물질을 한쪽으로 밀어붙이는 압력을 가지고 있다. 혜성의 꼬리가 항상 태양과는 반대 방향으로 향하는 것은 태양풍의 압력 때문이다. 또한 북극이나 남극에 가까운 곳의 밤하늘에서 관측되는 아름다운 오로라는 태양풍 때문에 나타나는 현상이다. 태양풍은 전자와 양자의 흐름이기 때문에 지구 자력의 영향을 받아 지구의 북극이나 남극의 지자극 쪽으로 방향이 쏠리게 되며, 공기가 희박한 대기권의 상층(80~240km)의 공기 분자와 충돌한 결과 빛을 발하여 나타나는 현상이 바로 오로라이다.

## 태음력 太陰曆 ■

달의 모양 변화주기를 이용하여 정한 역법.

태음력은 태음태양력이라고도 하나 주로 순태음력을 가리킨다. 태음력은 달이 29.53059일(1삭망월)을 주기로 하여 규칙적으로 차고

기우는 데서 자연적으로 생겼다.

대부분의 고대력은 태음력으로 출발하여 태음태양력 또는 태양력으로 변해갔다. 현재는 터키 · 이란 · 아라비아 · 이집트 등 이슬람 지역에서 사용하는 이슬람력이 순태음력으로 남아 있다. 순태음력에서는 29일의 작은 달과 30일의 큰 달을 번갈아 배치하여 1년을 12달의 354일로 하고, 30년에 11일의 윤일을 두어 달의 삭망주기가 날짜와 일치하도록 하고 있다.

## 태음태양력 太陰太陽曆 ■ ■ ■

달의 모양 변화주기를 기준으로 정한 역법으로 윤달을 두어 태양년과 일치시키는 역법.

큰 달(30일)과 작은 달(29일)을 조합하여 평년에는 12개월, 윤년에는 13개월로 한다. 평년에는 354일과 355일, 윤년에는 383일과 384일의 네 가지 1년이 있다.

윤달을 두는 방법을 치윤법이라고 한다. 윤달을 정할 때 처음에는 2년에 1회의 윤달을 두었는데 나중에는 19년에 7회의 윤달을 두는 메톤법이 채용되었다. 큰 달과 작은 달을 배치하는 방법에는 평균 삭망월 29.53059일에 맞추는 평삭과 실제의 삭망에 맞추는 정삭이 있다. 평삭에서는 큰 달과 작은 달이 교대로 나타나며 단지 16개월 또는 17개월마다 큰 달이 3회 계속된다. 정삭에서는 달의 운동이 같지 않은 데서 큰 달 또는 작은 달이 4회 계속되는 경우가 있다. 서양의 역은 모두 평삭이었으며, 한국과 중국의 역도 처음에는 평삭이었으나 나중에 정삭으로 변하였다.

## 태풍 颱風 ■ ■ ■

적도 부근의 열대 해상에서 발생한 저기압 중에 최대풍속이 17m/s

이상일 때를 태풍이라 한다. 태풍은 고위도 지방으로 이동하는 강한 폭풍우를 동반하여 재산과 인명에 많은 피해를 준다.

열대저기압 중 사이클론(cyclone)은 인도양에서 발생하여 벵골만에 상륙하고, 카리브해에서 발생하여 멕시코만으로 이동하는 것은 허리케인(hurricane), 오스트레일리아 북동부 지역에 피해를 주는 것은 트로피칼 사이클론이라고 한다.

태풍(typhoon)은 마리아나 제도, 캐롤라인 제도, 마셜 제도 부근에서 발생하여 필리핀, 중국 대륙, 타이완 섬, 일본, 우리 나라 일대를 지나는 열대성 저기압을 말한다.

태풍이 유지되거나 발달하기 위해서는 대기 하층에 습하고 따뜻한 공기가 있어야 한다. 태풍 중심 부근의 상공에는 강한 상승기류에 의해 적란운이 발달하여 습한 공기 속의 수증기 응결로 숨은 열이 방출된다. 따뜻해진 공기는 더 상승하여 대류가 활발해지면 지상의 기압은 내려간다. 지상에서는 바람이 반시계 방향으로 불어 들어가며 상공에는 고기압성인 소용돌이가 생겨 중심에서 바깥쪽으로 기류가 발산한다. 태풍의 중심 부분은 바람이 약해서 구름이 없는 맑은 하늘이 나타나는데, 이 중심권을 '태풍의 눈'이라 하고 그 크기는 반지름이 약 30km 정도이다.

태풍은 이 열대수렴대 안에 생기는 파동에 외부의 힘이 가해질 때 발생한다. 따뜻한 구름에 찬 공기가 유입되면 구름의 아랫부분은 따뜻한 해수로 따뜻해지는 작용이 계속 일어나고, 윗부분은 찬 공기 때문에 냉각되어 차진다. 즉 불안정한 공기가 되어 더욱 강한 상승기류가 발생한다. 상승기류로 인해 구름 덩어리의 하층에 있는 따뜻하고 습한 공기가 구름 덩어리 속으로 빨려 들어간다. 이 과정에서 수증기가 응결하여 잠열을 방출하고, 이 잠열로 온도 상승은 가속되어 격렬한 소용돌이가 생기면서 태풍으로 발달한다.

태풍은 위도 5°~25°, 수온이 약 27℃ 이상인 필리핀 동부의 열대 해상에서 발생하여 처음에는 북서쪽으로 이동하다가 동중국해에 이르면 북동쪽으로 방향을 바꾸어 포물선을 그리며 이동한다.

우리 나라에는 주로 7월~9월에 걸쳐 내습한다. 열대 해상에서 북동무역풍과 남동무역풍이 만나는 열대수렴대의 파동으로부터 발생하여 북쪽으로 이동하다가 중위도의 편서풍대에 이르면 동쪽으로 이동하게 되는 것이다.

태풍은 집중호우와 폭풍을 동반하며, 주로 남부 지방에 많은 풍수해를 준다. 그러나 한편으로는 저수량의 주요 공급원이 되고 해수를 뒤섞어 순환시키는 긍정적인 역할도 한다.

### 테일러스 Talus ■ ■ ■

주로 동결 작용으로 인해 생긴 산 꼭대기 암석의 풍화물이 중력에 의해 굴러 떨어져 산기슭에 쌓인 것으로, 돌서랑이라고도 한다. 분급과 원마도가 불량하다.

얼음

테일러스

### 토성 土星, Saturn ■ ■ ■

태양계의 제6행성. 광도 약 1등급, 궤도 긴반지름 9.54AU, 이심률 0.056, 태양으로부터의 평균거리 14억 2,940만km, 공전주기는 29.46년이다. 태양계에서 목성 다음으로 크며 적도반지름은 6만 km이다. 질량은 지구의 약 95배이지만 평균밀도는 0.71g/cm³로 행성 가운데 가장 작다. 자전주기는 적도 부근에서 10시간 14분, 고위도 지방에서는 10시간 38분이다. 적도 경사각은 26.7°이며 표면에는 적도를 따라 희미한 줄무늬가 보이지만, 선명한 반점이 보이는 일은 드물다.

토성의 본체는 목성과 모양이 매우 비슷하다. 중심부에 지름 4만 km에 이르는 철과 암석으로 된 핵 부분이 있고, 그 둘레를 얼음층이 둘러싸고 있으며 가장 바깥쪽

에는 유체상태인 암모니아와 메탄이 있다. 토성의 대기는 주로 수소와 헬륨으로 구성되었고 암모니아는 목성에 비해 훨씬 적다. 이는 토성의 표층이 목성보다 온도가 낮고 빙결되어 있기 때문으로 추정된다.

토성에 관한 자세한 정보는 미국의 행성탐사체인 파이어니어 11호(1979) · 보이저 1호(1980) · 보이저 2호(1982) 등에 의해 얻어졌다. 토성의 고리는 1656년 네덜란드의 C. 호이겐스에 의해 확인된 뒤 망원경의 발달과 함께 점차 자세히 관측되었다. 보이저 1 · 2호가 관측한 토성의 고리는 구름의 정상으로부터 약 7,000km에서 30만km 이상의 높이까지 퍼져 있다. 그것은 군데군데에 틈이 있고 밝기 정도가 다른 띠가 동심원상으로 연결되어 있다.

고리는 A, B, C, D, E, F, G의 7가지로 분류되는데, 지구에서 똑똑히 관찰되는 것은 A고리와 B고리뿐이다. 가장 밝은 B고리에는 고리 위를 방사상으로 가로지르는 스포크(spoke)라는 어두운 줄이 있다. 이것은 매우 작은 입자가 정전력을 받아 고리면이 위로 밀려나온 것으로서, 보였다 안보였다 한다. B고리 · A고리 · C고리 순으로 빛이 약해지고 가장 바깥쪽의 E고리는 매우 희미하다. B고리와 A고리 사이에는 카시니 간극이라는 상당히 큰 틈이 있고 A고리 속에는 가느다란 엥케 간극이 있다. 이들 고리는 더욱 가느다란 무수히 많은 고리로 되어 있으며 각각 얼음 입자로 형성되어 있다. 고리

의 두께는 그 너비에 비해 매우 얇아 20m 이하로 추정된다.

토성의 위성은 17개로 태양계 행성 가운데 가장 많은 위성을 가지고 있다. 모든 위성은 주로 얼음으로 되어 있다. 가장 큰 위성인 타이탄의 지름은 약 5,000km로 수성보다 조금 크다. 타이탄은 약 1.5기압의 대기가 있는 유일한 위성이다. 이 대기는 주로 질소로 구성되며 소량의 아르곤·메탄 등도 포함되어 있다. 타이탄의 표면은 암홍색으로 덮여서 잘 보이지 않는데, 이것은 메탄이 화학 반응을 일으켜 생긴 고분자이다.

토성의 다른 위성들의 표면은 수많은 크레이터(crater : 표면에 널려 있는 크고 작은 구멍)로 덮여 있는데, 그 가운데 미마스에는 위성 지름의 1/3 크기의 크레이터가 있다. 테티스 소위성의 앞뒤에는 각각 테레스토와 칼립소라는 소위성이 돌고 있는데, 세 위성은 각각 60°씩 떨어져 있어 역학적으로 안정되게 운동한다.

토성과 위성들

## 토양 土壤 ■ ■

지구나 달의 표면에 퇴적되어 있는 물질.

흙 또는 표토라고도 한다. 대부분의 토양은 암석의 풍화물이다. 지표면이나 지표 근처에 노출된 암석이 산소·물·열의 작용을 받아 여러 크기의 입자와 유기물로 되고, 이 풍화 퇴적물질(주로 암석의 입자) 사이는 공기와 물이 점유하고 있다. 이들 사이에 침투·분포되어 있는 식물의 뿌리는 양분과 수분을 흡수하여 생장하므로 토양은 생명 현상의 근원이 된다.

토양이 생성되는 순서는 기반암에서 풍화되어 모질물이 되고 또 다시 풍화가 일어나 표토가 되고 표토 속의 작은 입자가 밑으로 내려앉아 심토가 된다.

| 토양의 생성 과정 |

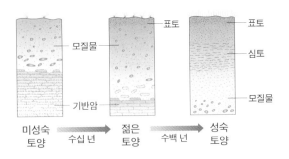

토양수 土壤水 ▪

토양의 공극을 채우고 있는 물.

토양수는 화학적 · 물리적 및 생물적인 작용을 촉진하고 영양분의 용매로서 작용하며 증산 · 침투 · 증발 · 유출 등으로 인해 토양으로부터 소실된다.

토양이 물을 보유하는 힘, 즉 흡착력은 토양 표면의 물 분자에 대한 흡착력과 물 분자 상호간의 인력이 합해져 나타난다. 토양수는 모세관수, 결합수, 중력수 등으로 나누어진다.

|결합수| 토양 입자의 표면에 강하게 결합되어 식물에 잘 흡수 · 이용되지 못하는 물이며, 토양을 100~110℃로 가열해도 분리되지 않는다.

|흡습수| 건조한 토양을 상대습도가 높은 공기 중에 두면 분자간 인력에 의해 토양 입자의 표면에 물이 흡착되는 물이다.

흡습수는 100~110℃에서 8~18시간 가열하면 쉽게 제거된다.

| 모관수(모세관수) |   토양 입자에 물이 흡착되어 그 물의 두께가 두터워지고 다시 물의 양이 많아지면 토양 입자 사이의 작은 공극, 즉 모세관에 채워지는 물인데, 이것은 표면장력에 의해서 흡수·유지된다.

| 중력수 |   물이 많아지면 모세관을 채우고 남은 물은 큰 공극으로 옮겨져서 중력에 의해 흘러내리는데, 이를 중력수라 한다. 즉 이 물은 입자 사이를 자유로이 이동하는 물이다.

## 토양 오염 土壤汚染 ■■

광산이나 공장 등에서 배출되는 폐기물이나 농약 살포 등으로 토양 속에 중금속 등 사람·가축·농작물에 유해한 특정 물질이 높은 농도로 집적·축적되는 현상이다.

토양 오염은 대체로 지하자원의 이용으로 암석 중의 무기성분이 지표에 쌓이게 되거나, 농약에 의해 합성 유기염소계화합물이나 알킬수은화합물 등 천연계에 거의 존재하지 않는 유기물질이 축적되어 유발된다. 또한 공업단지와 도시 매연가스에 의한 산성비, 식품 포장 폐기물, 시설축산의 폐기물 등에 의해서도 발생한다.

더욱이 공업화에 따라 방출되는 중금속 등의 무기성분은 농경지를 오염시킬 뿐만 아니라 농작물의 생육 장애를 일으키며, 먹이연쇄계를 거치는 동안 사람과 가축에까지 해를 끼치고 있다. 중금속 자체는 분해되지 않고 어떠한 변화에도 그 본래의 성질이나 유해 작용이 없어지지 않으므로, 일단 오염된 중금속을 완전히 제거하여 원래의 오염되지 않은 토양으로 되돌리기란 매우 어렵다.

토양을 오염시키는 물질로서 구리·망간·비소와 같은 원소들은 식물의 생육에서 다른 영양소의 결핍을 유발시키고, 크롬·니켈·아

연 · 몰리브덴 · 납 · 셀렌 · 바나듐 · 비소 · 스트론튬 등은 식물의 세포에 직접 해를 끼친다. 식품이나 사료를 유해하게 하는 것은 카드뮴 · 몰리브덴 · 바나듐 · 비소 · 수은 등이다.

**통기대** 通氣帶 ■■

지하수면을 경계로 포화대와 비포화대로 구분하는데, 비포화대에서 물과 공기가 공존하는 영역을 통기대라 한다.

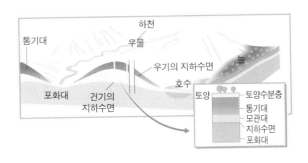

**퇴적물** 堆積物 ■■■

퇴적 작용에 따라 운반 · 퇴적되는 물질.

| 기원에 따른 분류 |　기원에 따라 육성기원 퇴적물과 생물기원 퇴적물로 구분한다.

① 육성기원 퇴적물(terrigenous sediments) : 육지의 침식으로부터 운반되는 퇴적물로 전 해양의 75%를 차지한다. 주로 대륙 연변부에 퇴적되고 심해저에는 저탁류에 의해 운반된다.

② 생물기원 퇴적물(biogenic sediments) : 표층수에서 생존한 생물이 죽게 되면 점차적으로 해저에 침전한다. 생물기원 퇴적물이 전체의 30% 이상일 때 그 퇴적물을 진흙 또는 연니라고 한다. 구성물질은 유기물과 생물의 뼈 형태로 형성된다.

일반적으로 생물기원 퇴적물은 탄산질·규산질·인산질로 구성되어 있다. 대륙붕에서는 저서생물의 뼈대와 조개껍질이 주성분이며 대륙에서는 해안에서 멀리 떨어질수록 식물성 잔해물이 증가한다. 심해저에서는 플랑크톤 잔해들이 주요 성분이다. 저서생물의 잔해로는 해면류가 주를 이루고 대륙사면 심해에서는 조류·방산충이 중요한 생물상 퇴적물이다.

| 공급원에 따른 분류 |　하천으로부터 유입되는 퇴적물, 빙하에 의해 유입되는 퇴적물, 바람에 의해 유입되는 퇴적물로 구분한다.

① 하천 : 퇴적물의 대부분이 육상으로부터 하천에 의해 큰 입자나 용융상태로 공급된다. 해양에 유입되는 많은 하천물의 용융 또는 다른 상태로 침전되는 물질 중에는 $CaCO_3$(carbonates : 탄산칼슘)과 $SiO_2 \cdot nH_2O$(silicates : 규산염)이 대표적이다.

② 빙하 : 빙하에 의해 유입되는 퇴적물은 해저 퇴적물의 약 20%를 차지한다. 제4기의 빙하 작용에 따른 빙하 퇴적물의 분포는 퇴적 환경과 해수면 변동의 좌표가 된다.

③ 바람 : 바람에 의한 유입물에는 조립질 퇴적물보다는 세립질 퇴적물이 대부분이다.

④ 화산 활동 : 화산에 의한 유입으로는 활동성 해양 연안부와 관련된 지역에서 큰 관심을 보이고 있다. 심해 점토(deep-sea clay)는 천만 년 이전, 빙하 작용 및 산맥 형성 이전 시기의 환경이 다르다는 것을 제시해 준다. 지질학적으로 화산은 단시간 내의 폭발로 인한 분출로 이루어지기 때문에 화산재층은 지역적인 층서를 규명하는 데 사용된다.

## 퇴적암 堆積巖 ■ ■ ■

퇴적물이 고화 작용을 거쳐 단단해진 암석.

지표면에 노출된 암석은 지표면에서 끊임없이 풍화침식 작용을 받아 파괴된다. 이렇게 파괴된 물질과 여러 종류의 생물 유해가 육상 또는 수저에 쌓여 만들어진 암석을 퇴적암이라 한다. 퇴적암은 층상으로 발달하는 평행 구조를 가지기도 하는데 이를 층리라 한다. 화석이 발견되기도 하므로 생물의 진화를 규명하고 지구의 역사를 규명하는 데 이용된다.

퇴적물의 종류에 따라 쇄설성 퇴적암, 화학적 퇴적암 및 유기적 퇴적암으로 구분한다. 쇄설성 퇴적암은 기존 암석 및 기타 다른 고형물의 부서진 입자가 쌓여 형성된 암석이고, 화학적 퇴적암은 화학적 침전물이 쌓여 만들어진 암석이며, 유기적 퇴적암은 과거 생존하던 생물의 유해가 쌓여서 만들어진 암석이다.

| 퇴적물의 종류 | 기 원 | 구성 물질 | 암 석 |
|---|---|---|---|
| 쇄설성 퇴적물 | 기계적 풍화 | 자갈<br>모래<br>미사, 점토 | 역암<br>사암<br>이암, 셰일 |
| | 화산 분출물 | 화산암괴, 화산력,<br>화산진, 화산재 | 집괴암<br>응회암 |
| 화학적 퇴적물 | 물에 녹아 있던<br>물질의 침전 | $CaCO_3$<br>$SiO_2 \cdot nH_2O$<br>$NaCl$ | 석회암<br>처트<br>암염 |
| 유기적 퇴적물 | 동식물의 유해 | 식물<br>석회질, 규질 생물체 | 석탄<br>석회암, 처트 |

**투수성** 透水性 ■

빗물이나 지하수가 토양으로 침투하는 성질.

단위시간당 통과하는 물의 양으로 나타낸다. 일반적으로 공극이 크면 투수성이 좋다.

## 트라이아스기 Triassic Period ■

중생대를 셋으로 나눌 때 첫 번째 시기를 가리키며, 삼첩기라고도 한다. 고생대의 페름기와 중생대의 쥐라기 사이에 있는 시대이다. 2억 3,000만 년 전에서 1억 8,000만 년 전까지 약 5,000만 년간 계속되었다.

동물계는 두족류인 암모나이트가 크게 번성하기 시작했고, 파충류는 트라이아스기에 급속히 발전하여 공룡으로 퍼져나갔다. 식물계는 겉씨 식물이 많아졌으며, 지름이 3m, 높이가 60m인 송백류의 규화목이 발견되었다. 트라이아스기는 대체적으로 온난한 기후였던 것으로 생각된다.

## 티티우스─보데의 법칙 Bode's law ■ ■

1766년 독일의 천문학자 티티우스는 행성들의 거리 사이에는 일정한 규칙이 있음을 발견하였다. 즉 처음에 0을, 그 다음에 3을 적는다. 세 번째는 두 번째의 두 배인 6을 적는 식으로 앞의 숫자를 두 배하여 적어나간다. 그러면 다음과 같은 수열이 만들어진다.

  0  3  6  12  24  48  96  192  384  768……

이번에는 위에서 만들어진 각각의 숫자에 4를 더한다.

  4  7  10  16  28  52  100  196  388  772……

이와 같은 수열을 '티티우스의 수열'이라 부른다.

다음의 표는 티티우스의 수열과 각 태양에서 행성까지의 거리를 비교해 놓은 것이다. 여기서 각 행성의 거리는 지구의 거리를 10으로 했을 때의 상대적인 값이다. 표에서 보듯이 1766년 당시까지 알려진 6개 행성(지구 포함)의 거리와 티티우스의 수열은 신기하게도 거의 일치한다. 그러나 이 법칙을 처음 발표했을 때 주목한 사람은 아무도 없었다. 다만, 독일의 천문학자 보데는 1772년 논문을 통해

이 법칙을 재발표했다. 이 때부터 이 법칙을 '티티우스—보데의 법칙'이라 부르게 되었다.

| 티티우스의 수열 | 4 | 7 | 10 | 16 | 28 | 52 | 100 | 196 | 388 | 772 |
|---|---|---|---|---|---|---|---|---|---|---|
| 태양에서 행성까지 평균거리 | 4 | 7 | 10 | 15 | | 52 | 95 | 195 | 301 | 395 |
| 해당 행성 | 수성 | 금성 | 지구 | 화성 | ? | 목성 | 토성 | 천왕성 | 해왕성 | 명왕성 |

**파섹 parsec** ■ ■ ■

우주의 별 간의 거리를 나타내는 단위로 연주시차가 각거리 1″인 별까지의 거리를 가리킨다. 별까지의 거리와 연주시차 사이에는 다음 식이 성립한다.

별까지의 거리(pc) = 1/연주시차(p″)

태양계 내 행성들의 거리는 주로 천문단위(AU)를 사용하지만 별까지의 거리단위는 광년(ly), 또는 파섹(pc)을 사용한다.

$$1AU ≒ 1.5 \times 10^8 km$$

$$1광년(ly) ≒ 9.5 \times 10^{12} km$$

$$1pc ≒ 3.26ly$$

**페렐세포 Ferrel cell** ■

대기의 자오면 순환세포 중 중위도에서 일어나는 간접 순환.

18세기 해들리의 대기 순환 이론인 1세포 이론은 수정되어 미국의 기상학자 W. 페렐이 주장한 3세포 이론으로 대치되었다.

자오면을 순환하는 3개의 세포 중에서 해들리세포와 극세포의 사이 30°N~60°N에 형성된 간접 순환세포를 말한다.

▶ 그림 참조 → 직접 순환

**페름기 Permian period** ■ ■

고생대 제6기 중 마지막 기로 석탄기와 중생대 최후인 트라이아스기 사이의 기간이다. 2억 7,000만 년 전부터 2억 3,000만 년 전까지 약 4,000만 년간 계속된 시대이다.

R. 머치슨이 1841년 우랄 산맥 서쪽에 있는 페름시 부근에 잘 발달된 지층을 페름계라고 부른 데서 기원하였다. 독일에서도 H. B. 가이니츠가 페름계를 연구하고 이를 다이아스(Dyas : 2개 층이라는 뜻)라고 했으며(1861), 이로부터 이첩기라는 이름이 생겼다. 그러나 페름시 부근의 지층이 표준지역으로 정해졌으므로 페름기가 일반적으로 사용된다.

식물로는 양치 식물이 쇠퇴하면서 겉씨 식물인 은행류 · 송백류 · 소철류가 출현하였고, 동물로는 양서류의 진화가 극에 달하여 양서류 시대라고 한다.

## 편각 偏角 ■■

자석이 나타내는 방향과 자오선이 이루는 각 또는 진북과 자북이 이루는 각이며, 편각의로 측정한다. 지구자기의 극은 정확하게 지구의 북극과 일치하는 것이 아니기 때문에 나침반의 바늘은 정확하게 남북의 방향을 가리키지 않는다. 수평

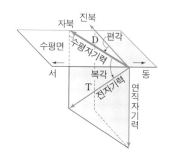

자기력 · 복각 · 편각을 보통 지구자기의 3요소라고 한다.

## 편광 偏光 ■■■

빛의 진동면, 즉 전기장과 자기장의 방향이 항상 일정한 평면에 한정되어 있는 빛.

광원으로부터의 직사광선처럼 진동 방향과 세기가 불규칙적으로 변하고 평균적으로는 어느 방향에서든 같은 세기를 가지며, 진동면이

빛의 진행 방향에 대칭인 빛을 자연광이라 한다. 또 자연광과 편광
이 섞인 빛을 부분편광이라 하며, 이에 대해 진동면이 일정한 편광
을 완전편광 또는 직선(평면)편광이라 한다.

자연광과 편광은 직접 봐서는 구별할 수 없지만, 특정한 진동면을
가진 빛만을 통과시키는 편광판을 통과시켜 투과광의 밝기를 관찰
하면 알 수 있다. 편광은 필터의 회전에 수반하여 투과광의 밝기가
변하고, 자연광은 필터의 회전에 관계없이 항상 같은 밝기를 가진
다.

1809년 E. L. 말뤼스는 평평한 면에서의 반사광이 편광성을 가진
다는 것을 유리창에서 반사된 저녁 햇빛을 방해석을 통해 보다가
발견하였다. 편광판으로 흔히 방해석과 전기석을 이용한다.

## 편광현미경 偏光顯微鏡 ■■■

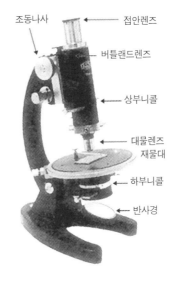

광물 박편을 관찰할 때 편광을 이
용하는 현미경.

편광현미경(polarzation micro-
scope)은 편광을 이용하는 특수한
현미경으로서 광물현미경(광물용
편광현미경), 암석현미경이라고도
한다. 일반 생물학용 현미경과는
달리 자연상태로 산출되는 광
물·암석 및 기타 인공적인 결정
체의 특성을 파악하고 감정하기
위해 특별히 고안되었다.

이 현미경과 일반 현미경과의 차
이점은 두 개의 편광렌즈(상부니콜·하부니콜)가 장착되어 있다는

조동나사 ← 접안렌즈

← 버틀랜드렌즈

← 상부니콜

← 대물렌즈
재물대

← 하부니콜

← 반사경

것이다. 하부니콜은 전후 방향으로 진동하는 평면편광으로 빛을 통과시키는 데 비해 상부니콜은 좌우 방향으로 진동하는 빛만을 통과시키도록 장치되어 있다. 모델에 따라서는 상부니콜과 하부니콜의 삽입된 방향이 반대로 장치된 것도 있다.

재물대 위쪽 현미경 몸통에 장치된 상부니콜을 빛의 통로 위에 놓이도록 조작하여 관찰할 때를 '직교니콜' 상태에서 관찰된다고 하며, 이 상부니콜을 빛의 통로상에서 벗어나도록 하면 결과적으로 상 · 하 니콜의 진동 방향이 평행하게 되므로 '평행니콜' 또는 '개방니콜'로 관찰된다고 기술한다.

하부니콜은 편광자(polarizer)라고도 하며, 360°로 완전하게 회전된다. 편광자가 없으면 빛은 편광되지 않는다. 편광자가 경로를 따라 정확한 위치에 클릭되었을 때, 0~360°로 편광된 빛을 시료에 보내게 된다. 빠르고 정학하게 시료를 설치할 수 있도록 0°와 90°로 설치되어 있다.

상부니콜은 검광자(analyzer)라고도 한다. 검광자가 광로상에 있고 편광자의 위치가 0°상에 세팅되어 있을 때를 직교라 하며, 이 때는 시야의 상태가 암흑이 된다. 이 상태에서 시료를 돌리면 광학적으로 활성화된 부분만이 밝아져 보이게 되며, 이것이 편광현미경의 기본 원리이다.

편광현미경은 버틀랜드렌즈가 장치되어 있는 것이 특징이다. 이것은 시야의 중심에 있는 작은 물체의 구분을 가능하게 하고 광물의 굴절율을 측정할 수 있다.

## 편리 片利

암석의 재결정 작용으로 만들어진 변성암의 광물들이 일정한 방향으로 배열되어 나타난 평행 구조.

육안으로 구별할 수 있을 정도이며 그림과 같이 광물 입자가 변형되어 나타나는 구조이다.

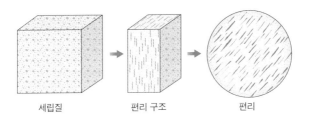

세립질 → 편리 구조 → 편리

## 편마 구조 片麻構造 ■ ■

조립질 암석이 압력을 받아 광물이 재결정되면서 압력에 수직인 방향으로 길게 재배열되어 나타나는 호상 구조.

편리의 간격이 수mm 또는 수cm 크기로 배열될 때 이를 편마 구조라고 하며, 편마암에 잘 발달되어 있다.

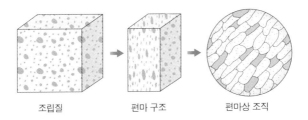

조립질 → 편마 구조 → 편마상 조직

## 편마암 片麻巖 ■ ■

편마 구조가 발달한 변성암.

검은색 광물과 밝은색 광물이 서로 띠를 이루며 호상 구조를 잘 보여 주는 완전히 재결정된 변성암이다. 엽리는 천매암(千枚岩)보다 뚜렷하지 못한 편마 구조를 보인다. 구성 광물로는 장석 · 사장석 · 석영 · 운모(흑운모 · 백운모) · 녹염석 · 전기석 · 저어콘 등이 있다. 편암이 좀더 광역변성 작용을 받아 형성된다. 편마암 중에서 변성

되기 전에 있던 자형의 큰 광물의 결정이 갈라지고 압연되어서 눈
목〔目〕자 모양의 단면을 나타내는 반상 변정을 포함하는 암석을 안
구상편마암(augen gneiss)이라 한다.

## 편서풍 파동 偏西風波動 ■

높이 수km 상공 대류권 계면 부근에서 부는 강한 서풍이 만들어내
는 거대한 파동.

수km 상공에서는 적도 쪽의 기압이 높기 때문에 적도에서 고위도
로 공기가 이동하게 되는데, 여기에 전향력이 작용하여 서풍이 된
다. 편서풍이 남북으로 파동을 만드는 것을 로스뷔(Rossby)파라고
하며 파장이 3,000~6,000km 정도이다. 이 편서풍 파동 내에서
가장 강하게 부는 바람을 특히 제트류(jet stream)라고 한다. 제트
류는 저기압성 폭풍(태풍)의 원인이 되기도 한다. 제트류는 겨울철
에 강하며 초속 50~150m로 매우 강한 바람이다.

## 편암 片巖 ■■

셰일이 온도와 압력의 영향으로 광역변성 작용을 받아 생성된 엽리
가 발달한 변성암.

편암이 포함하는 광물로는 석영 · 운모(흑운모 · 백운모) · 녹니석 ·
전기석 · 저어콘 등이 있다. 운모의 종류에 따라 은색이나 회색(백운
모인 경우) 또는 갈색이나 검은색(흑운모인 경우)을 띠며, 엽리가 얇
게 잘 발달한다. 천매암이 좀더 광역변성 작용을 받아 형성된다.

## 편평도 扁平度 ■■

천체(주로 행성인 경우)는 자전의 영향으로 적도반지름이 극반지름
보다 큰 회전타원체에 가까운 모양이 된다. 이 때 1−(극반지름/적

도반지름)의 값을 그 천체의 편평도라고 한다.

행성 중 수성과 금성은 편평도가 거의 0에 가깝고 지구는 1/297, 가장 큰 것은 토성으로서 약 1/9.5에 이른다. 편평도가 0에 가까울수록 구 모양이고 1에 가까울수록 타원 모양이 된다.

## 평균해수면 平均海水面 ■ ■ ■

해면의 높이를 어느 일정 기간(하루 · 1개월 · 1년 등)의 높이로 평균한 때의 면.

우리 나라의 근해에서는 대체로 여름과 가을에 해수면이 높아지고, 겨울과 봄에 낮아진다. 최고와 최저의 차가 최대인 곳은 인천항으로 약 70cm, 부산항에서는 최소로 약 20cm이다. 또 하루의 평균해수면도 변한다. 그 원인은 주로 기압의 변화와 표층해수의 밀도 변화 때문으로 여겨진다. 또 지반 변동 등이 일어나면 외면상 그 높이가 변화하므로 조위를 장기간 관측하면 그 기록을 통해서 관측지점 부근의 지반의 융기 · 침강 상태를 조사할 수 있다.

## 평안누층군 平安漏層群 ■

고생대 말에서 중생대 초에 걸쳐 퇴적된 지질 계통으로 무연탄이 매장되어 있다. 평안누층군은 중생대 쥐라기 말에 대보 조산 운동을 받아 매우 복잡한 습곡 및 단층 구조를 갖게 되었다. 따라서 무연탄의 경우에는 부존상태가 불량하다.

| 평안누층군의 구분 |　평안누층군은 만항층, 금천층, 밤치층, 장성층으로 구분한다.

① 만항층(晩項層) : 대체로 종래 홍점통이라고 불리는 지층에 해당한다. 오르도비스기 석회암을 큰 평행부정합으로 덮으며, 상위의 금천층에 의해서는 작은 부정합으로 덮인다. 만항층은 주로 녹색

또는 홍색 셰일, 염녹색 또 잡색 사암으로 구성되고 1~4매의 담색 석회암층이 협재한다.

② 금천층(黔川層) : 종래 삼척 탄전에서 사동통(寺洞統)이라고 불려온 지층의 하반부에 해당한다. 금천층은 암회색 셰일과 세립질암회색 사암 및 3~4층의 암회색 석회암층으로 되어 있다. 석회암층이 협재하는 점에서는 만항층과 같지만 만항층의 석회층은 담색이어서 구별이 가능하다. 석회암에 들어 있는 방추충 화석에 의하면 금천층의 시대는 중부 석탄기의 후기에 속한다.

③ 밤치층(밤치통) : 종래 사동통의 하부로 취급되어 왔지만 금천층과 달리 페름기에 속한다. 회색 내지 암회색 석회암과 같은 색의 셰일로 이루어져 있다. 석회암에서 발견된 방추충 화석에 의하면 그 시대는 페름기 초기이다.

④ 장성층(長省層) : 종래의 사동통 상부에 해당한다. 장성층은 암회색의 조립 내지 중립 사암 같은 색의 셰일 및 석탄으로 된 4회의 윤회층으로 되어 있다. 보통 4매의 석탄층이 있고, 1~2개의 석탄층이 가행된다. 특히 가행 대상이 되는 석탄층의 상반 셰일에서 많은 식물 화석이 발견되는 것으로 보아 장성층의 시대는 페름기이다. 이 층의 두께는 평균 100m이다.

## 평정해산 平頂海山 ■■■

해산 중에서 산정상부가 침식 작용으로 평평해진 해산.

과거에 해산의 정상부가 해수면 위로 나왔을 때 해파에 의해 침식되어 정상이 평평해진 후, 해양 지각의 이동으로 침강하여 심해저에 위치하고는 있지만 정상부가 자갈 등의 침식을 받은 흔적이 남아 있는 해산이다.

| 평 정 해 산 의  형 성  과 정 |

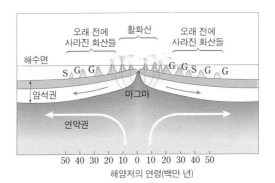

해양저의 연령(백만 년)

## 평행부정합 平行不整合 ■■

부정합면을 경계로 먼저 쌓인 지층과 나중에 쌓인 지층이 평행인 부정합이다. 이것은 대개 조륙 운동을 받은 지층에서 생긴다. 대개 역암으로 된 부정합면 바로 위의 지층을 기저 역암이라 한다.

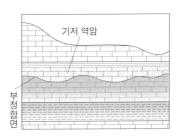

## 폐색전선 閉塞前線 ■■■■

온난전선과 한랭전선이 겹쳐져 형성된 전선.

온대 지방의 저기압(온대저기압)에는 한랭전선과 온난전선이 함께 발달하는 경우가 대부분이다. 이 때 이동이 느린 온난전선이 앞서 가고 이동이 빠른 한랭전선이 뒤에 발달한다. 그리고 시간이 지나면서 두 전선은 가까워져 서로 겹쳐지게 되는데, 이 전선을 폐색전선이라 한다. 이 전선에서는 기단이 상하로 분리되면서 아래에서는 찬 기단이, 따뜻한 기단은 상공에 남게 된다. 따라서 동일한 공기에 의한 층이 형성되면서 전선이 소멸된다.

## 포그슨 방정식 Pogson's fomula ■ ■ ■

별의 밝기를 처음으로 등급화한 사람은 기원전 2세기경의 과학자 히파르코스이다. 그는 가장 밝게 보이는 별을 1등급으로 정하고 겨우 식별이 가능한 별을 6등급으로 구분하였다.

그리고 19세기에 영국의 천문학자 N. R. 포그슨은 별의 밝기를 실제적으로 측량하여 1등성의 밝기가 6등성 밝기의 100배가 된다는 사실을 밝혔다. 여기서 한 등급의 밝기 차이를 구해보면 $100^{1/5}=2.512$배가 된다. 두 별의 등급을 $m_1$, $m_2$라 하고 밝기를 각각 $l_1$, $l_2$라 하면 다음과 같은 식이 성립한다.

$$\frac{l_1}{l_2} = (10^{\frac{2}{5}})^{m_1-m_2}$$

$$m_1-m_2 = -2.5 \log\frac{l_1}{l_2}$$

이 공식을 포그슨의 방정식이라 한다.

## 포보스 Phobos ■ ■

화성의 2개 위성 중 안쪽에 있는 위성으로, 1877년 A. 홀이 두 번째 위성인 데이모스와 함께 발견하였다. 수많은 구덩이로 뒤덮인 작은 위성인데 반지름은 약 6km이고 화성으로부터의 평균거리는 9,378km이다. 화성에서 보면 천정에 있을 때에 달의 시지름의 약 1/3 크기, 1/25의 밝기로 보인다. 공전주기는 7h 39m로 화성의 자전주기 24h 37m보다 짧다. 따라서 화성에서 보면 서쪽에서 떠서 동쪽으로 지는 것처럼 보인다. 평균밝기는 11등급이다.

## 포화대 ■

토양의 공극이 물로 가득한 영역.

불포화대의 아래에 위치하는 포화대의 물은 정호나 샘을 통한 지하수 이용이 가능하며, 진정한 의미의 지하수라 할 수 있다. 포화대 내로의 지하수 함량은 지표상의 물이 불포화대를 지나 지하수 심부로 침투하여 이루어진다.

## 포화수증기압 飽和水蒸氣壓 ■ ■ ■

포화상태의 수증기압. 온도와 압력에 따라서 포함할 수 있는 수증기압은 일정하며, 다른 기체가 있어도 거의 영향을 받지 않는다.

물은 고체(얼음), 액체(물), 기체(수증기)로 그 상태가 바뀌면서 지표와 지하, 그리고 대기 중을 계속 순환하고 있다. 특히 대기 중에 포함되어 있는 수증기는 대부분 바다에서 증발한 것으로 여러 가지 기상 현상을 일으키고 기후를 지배하며 생물의 생존에도 중요한 역할을 하고 있다.

대기 중에 포함되어 있는 수증기량을 보통 수증기압으로 나타내는데, 수증기량이 많을수록 수증기압도 증가한다. 어떤 온도에서 공기 중에 수증기가 최대로 포함되어 있을 때를 포화상태라 하고, 이때의 수증기압을 포화수증기압이라고 한다. 포화수증기압은 기온이 높아질수록 증가한다. 그런데 0℃ 이하에서는 과냉각된 물(0℃ 이하에서도 얼지 않은 물)에 대한 포화수증기압이 얼음에 대한 포화수증기압보다 크다.

## 폭발변광성 爆發變光星 ■ ■

순간적인 폭발 현상으로 갑자기 빛을 방출하고 어두워지는 별.

신성이나 초신성이 이에 해당한다. 이와 같은 폭발은 질량이 작은

신성인 경우의 수 등급에서부터 초신성인 경우의 20등급 이상까지 밝아지는 엄청난 광도 변화를 수반한다.

**폭발우주론 → 대폭발우주론**

**폭풍해일 暴風海溢** ■

태풍과 같은 저기압에 의해 생긴 파도로 인해 발생하는 해일.

태풍 또는 강한 저기압권 안팎의 기압차 때문에 해면이 정역학적 균형을 유지하기 위하여 저기압 중심이 부풀어 오른다. 그 높이는 중심기압 960hPa의 태풍인 경우는 50cm쯤 높아진다.

정역학적으로 부풀어 오른 해면의 모양은 태풍의 이동과 더불어 진행하고 해안으로 접근할수록 얕아지면서 해저와의 마찰로 파장은 짧아지고 파고는 높아져 해안에 가까워지면 해일을 일으킨다.

**푄 현상 fôn** ■ ■

'푄'이란 말은 원래 라틴어의 파보니우스(favonius)에서 유래된 것으로 '서풍'이란 뜻을 가지고 있다. 푄 현상은 습윤한 바람이 산맥을 넘을 때 고온건조해지는 현상을 말하는 것으로 유럽의 알프스 계곡, 특히 라인강 상류의 중앙 유럽에서 현저하게 발달한다.

푄은 원래 알프스 산지의 풍하측에 나타나는 고온건조한 국지풍의 명칭이었으나, 이러한 현상이 세계 도처에서 발견되므로 현재는 일반적으로 산지의 풍하측사면에서 불어 내리는 고온건조한 바람으로 일컬어진다. 크게 알프스 지역의 푄과 북미 록키 산지 지역의 치누크(chinook) 등이 유명하다.

푄 현상은 산맥을 넘기 전에는 건조단열 변화하여 기온이 낮아지다가 이슬점에 이르면 구름이 형성되면서 비가 내리고 습윤단열 변화한다. 그러나 산맥을 넘은 후에는 건조단열 변화하며 기온이 높아지므로 산맥을 넘은 공기는 고온건조해진다.

우리 나라의 푄 현상은 북서계절풍이 탁월한 겨울철에는 태백 산맥 동사면으로 나타나고, 오호츠크해 기단의 영향을 받는 늦봄부터 초여름까지는 영서 지방에 나타난다. 특히 영서 지방에서 푄 현상에 의해 나타나는 고온건조한 바람은 높새 바람이라 불린다. 봄에 높새가 불면 여름과 같은 이상고온 현상이 나타나고 산불이 나기 쉬우며, 초여름에 불면 농작물이 말라버리기도 한다.

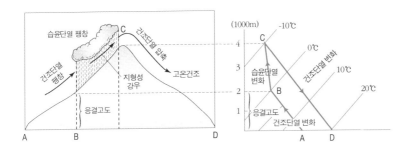

## 표면파 表面波 ■

해파는 파장과 수심의 비에 따라 분류하는데, 수심이 파장의 1/2배보다 깊은 곳에서 일어나는 파도가 표면파이며 심해파라고도 한다. 물 입자는 원 운동을 하며 파속은 파장의 제곱근에 비례한다.

지진파에서 지표면을 따라 전파하는 파동을 표면파(L-wave)라고도 한다. 지진에서 표면파에는 레일리파와 러브파가 있다.

## 표준시 標準時 ■ ■

한 나라 또는 한 지방에서 공통으로 사용하는 그 지방만의 평균태양시.

각 지방의 태양시는 그 지방의 경도에 따라서 조금씩 달라진다. 태양이 그 지방의 자오선을 지나는 시각, 즉 남중하는 시각을 일남중시각이라고 하는데, 일남중시각은 같은 나라에서도 경도에 따라 달라진다. 예를 들면 울릉도에서 태양이 남중하는 시각에 인천에서는 아직 남중이 일어나지 않는다. 따라서 울릉도의 지방평균시와 인천의 지방평균시는 서로 다르게 된다. 그러나 한 나라에서 이와 같이 각기 다른 시각을 쓴다면 매우 불편하므로 대개는 어떤 특정 지방의 평균태양시를 전국에서 공통으로 쓰게 되는데, 이것을 표준시라고 한다.

우리 나라에서는 현재 동경 135°의 지방평균시를 표준시로 채택하고 있다. 경도가 15° 동쪽으로 옮겨지면 표준시는 1시간 빨라지고, 서쪽으로 옮겨지면 1시간이 늦어진다.

### 표준중력 標準重力 ■■

지구가 기하학적인 회전타원체이며 지구 내부물질의 밀도 분포가 수평 방향으로 일정하다고 가정했을 때, 각 위도에서 이론적으로 계산한 중력값을 말한다.

### 표준화석 標準化石 ■■■

어떤 일정한 지질시대의 지층에서 산출되어, 그 지층의 지질연대를 나타내는 화석.

고생물 중에서 생존기간이 짧으면서도(단명한 종류) 그들의 생활범위(지리적 분포 면적)가 넓은 것이 표준화석으로 가장 적합하다.

각 지질시대의 표준화석으로는 고생대의 삼엽충·필석·갑주어·푸줄리나, 중생대의 암모나이트·공룡, 신생대의 화폐석·매머드 등이 대표적이다.

## 표층 순환 表層循環 ■

해양의 표층에서 일어나는 순환.

해양의 순환에는 바람에 의한 풍성 순환과 열염 순환이 있다. 해양의 표층에서 일어나는 표층 순환은 주로 풍성 순환이고, 열염 순환은 심층 순환을 나타낸다. 해양의 표층 순환는 그림과 같이 아한대 환류계, 아열대 환류계, 열대 환류계로 구분한다.

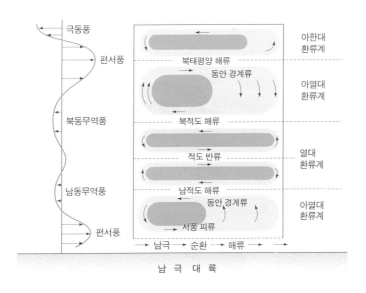

## 푸코 진자 Foucault's pendulum ■ ■ ■

1851년 J. 푸코가 지구의 자전을 증명하는 실험에 처음 사용했던 단진자.

단진자에 작용하는 힘은 공기의 저항을 무시하면 중력과 실의 장력뿐이므로, 진동면은 일정한 방향을 유지할 것이다. 그러나 이것을 장시간 진동시키면 진동면이 북반구에서는 시침 방향으로, 남반구에서는 그와 반대 방향으로 천천히 돌게 된다.

이것은 진자의 진동면이 변하지 않아도 지면에서 보면 진동면이 회전하는 것같이 보이기 때문이며, 진자를 북극 또는 남극에서 진동시키면 진동면이 지구의 자전과 같은 주기(24항성시)로 회전하여, 일반적으로 위도 $\varphi$인 장소에서의 푸코 진자 회전주기는 $24/\sin\varphi$시가 된다. 푸코가 길이 67m의 실에 28kg의 추를 달고 파리(북위 $48°50'$)에서 실시한 실험에서는 예상했던 대로 32시간에 진동면이 회전하였다.

## 풍랑 風浪 ■■

바람이 부는 해상에서 직접 그 바람에 의해 발생하는 파도이며, 이에 비해서 그 장소에 바람이 없어도 멀리서 전해오는 것은 너울이라 한다. 풍랑과 너울을 비교하면 다음과 같다.

| | 풍 랑 | 너 울 |
|---|---|---|
| 주 기 | 2~8초 | 5~15초 |
| 파 장 | 수~수십m | 수백m |
| 성 인 | 직접 바람에 의해 일어난다. | 바람이 없어도 전파된다. |
| 특 징 | 마루 부분이 뾰족하다.<br>발달 단계의 강제파이다. | 마루 부분이 둥글다.<br>쇠약 단계의 자유파이다. |

## 풍화 작용 風化作用 ■■■

지표에 노출된 암석들이 잘게 부서져 토양으로 변하는 과정.

지표의 암석은 원래 그들이 만들어진 환경과 다른 조건에 놓이게 되면 새로운 환경에 적응하기 위해 변하기 마련이다. 이렇게 지표에 노출된 암석에 수반되는 모든 변화를 풍화라고 한다.

풍화 작용에는 물리적(기계적) 풍화 작용, 화학적 풍화 작용, 유기적 풍화 작용이 있다.

| 물리적 풍화 작용 |　지표에서 일어나는 압력 및 기온의 변화 등과 같이 물리적인 요인에 의해 입자의 크기가 점차 작게 부스러지는 작용이다.

암석의 내부 압력은 생성될 당시의 압력을 간직하고 있으나 지표에 노출되면 외부 압력의 감소로 인해 표면에 틈(절리)이 생성된다. 암석의 틈에 물이 들어가 얼게 되면 팽창하여 암석을 갈라지게 한다. 또한 틈에 스며든 물이 함유한 염류가 결정으로 성장하면 압력이 증가하여 암석을 갈라지게 하기도 한다. 한편, 기온 변화에 따른 팽창과 수축율의 차이로 인해 암석이 갈라지기도 한다.

물리적 풍화 작용은 기온의 일교차가 비교적 큰 사막 지역과 기온 변화가 급격한 고산 지역 및 한랭 지역에서 우세하게 나타난다.

| 화학적 풍화 작용 |　지표에 존재하는 암석이 지표의 환경에 적응하기 위하여 화학성분에 어떤 변화가 일어나는 것으로, 주로 이산화탄소와 산소 등이 용존해 있는 물과의 상호작용에서 일어난다. 그 예로는 석회동굴을 형성시키는 용해 작용과 산화 작용, 가수분해 과정이 있다.

화학적 풍화 작용은 기온이 높고 고온다습한 환경에서 많이 일어나는데, 대체로는 물리적·화학적 풍화 작용이 복합적으로 일어난다.

| 유기적 풍화 작용 |　물리적·화학적 풍화 작용보다는 뚜렷하지 않지만 암석을 뚫고 서식하는 조개류의 활동, 암석의 틈에 자라난 식물의 뿌리, 생물체에서 분비하는 산, 생물이 부패할 때 생기는 산에 의한 물리적·화학적인 풍화 작용으로 물리적 풍화 작용이나 화학적 풍화 작용에 포함시키기도 한다.

## 플랑크 곡선 ■

흑체의 표면에는 방출하는 에너지의 세기를 파장에 따라 나타낸

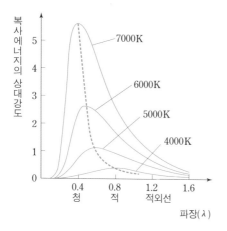

곡선.

주어진 온도에서 최대의 복
사에너지를 방출하며, 또한
입사하는 모든 파장의 에너
지를 완전히 흡수하는 이상
적인 물체를 흑체라 한다.
흑체에서 방출하는 복사에
너지의 최대파장은 표면온
도가 높을수록 짧아진다.

**플레어 flare** ■ ■

태양 표면에서 일어나는 폭
발 현상.

채층 일부(주로 백반 속의)
의 밝기가 갑자기 증가했다
가 수십 분 또는 수 시간 안
에 다시 원상태로 돌아가는

현상이다. 단지 채층뿐 아니라 코로나의 영역까지 극히 활동성이
높아져 지구에 미치는 영향도 다른 현상보다 훨씬 크다.

**피오르드 fjord** ■ ■

빙식곡이 침수하여 생긴 좁고 깊은 만.

빙식곡은 횡단면이 U자형을 이루고 있으므로 양쪽 곡벽은 급한 절
벽을 이루고, 후미는 너비보다 만의 길이가 길며 후미의 안쪽도 수
심이 깊다. 노르웨이 · 그린란드 · 알래스카 · 칠레 등의 해안에 널리
발달되어 있다.

## 하각 작용 下刻作用 ■

하천의 바닥을 깎는 작용.

주로 하천의 상류에서 일어나며 좁고 깊은 V자곡을 형성한다. 하각 작용은 유수가 하천 바닥의 암편을 뜯어 내는 작용과 갈아 내는 마식 작용 및 용해 작용으로 나뉜다.

## 하안단구 河岸段丘 ■

유로에 따라서 거의 같은 높이의 평탄한 언덕이 연속되고, 유로인 하상을 향해 계단 모양으로 낮게 배열되어 있는 지형.

표면의 평탄한 부분을 단구면이라 하는데 모래와 자갈로 이루어진 것이 많다. 하안단구는 융기와 침식의 반복으로 여러 개의 계단 모양 단구로 형성된다.

보통 하상의 바깥쪽에 있는 단구일수록 높은 경우가 많고, 상단일

| 하안단구의 형성 |

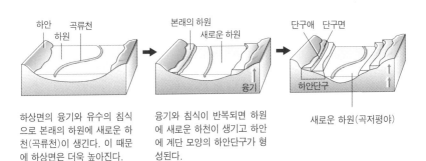

하상면의 융기와 유수의 침식으로 본래의 하원에 새로운 하천(곡류천)이 생긴다. 이 때문에 하상면은 더욱 높아진다.

융기와 침식이 반복되면 하원에 새로운 하천이 생기고 하안에 계단 모양의 하안단구가 형성된다.

수록 오래된 것이며 하단일수록 새로 형성된 것이다. 그러나 하안
단구의 수가 반드시 기후 변화 또는 지반 융기의 횟수를 나타내는
것은 아니다.

## 하지점 夏至點 ■■

태양이 적도에서 북으로 가장 멀리 떨어진 황도상의 지점으로, 태
양이 하지점을 통과할 때를 하지라 하고 양력 6월 22일경이다.
하지 때 북반구에서는 태양의 고도가 일년 중 가장 높아서 햇빛이
비추는 시간이 길다. 따라서 일년 중 낮이 가장 길고, 밤이 가장 짧
다. 남반구에서는 이 때가 동지이다.
또 하지 때는 단위면적에서의 복사에너지 양이 일년 중 가장 많으
므로 기온도 높아져 여름철이 된다.
▶그림 참조 → 동지점

## 한대전선대 寒帶前線帶 ■■

중위도에서 성질이 다른 두 기단이 만나는 경계.
한대기단과 열대기단의 경계에 형성되는 전선으로 지구상에서 가장
뚜렷한 전선대이다. 아시아에서는 고온다습한 북태평양 기단과 한
랭건조한 시베리아 기단 사이에 형성된다.
한대전선의 상공에는 대기권 상층의 강한 서풍인 제트류(jet
sream)가 분다. 한대전선은 북반구의 겨울철에는 북위 $30°$ 이하로
남하하고, 여름철에는 북위 $60°$까지 북상하여 중위도 지방의 기후
에 영향을 미치는 중요한 기후 인자가 된다. 우리 나라는 연중 한대
전선의 영향권에 놓여 있다. 여름철 한대전선은 장마전선으로 우리
나라와 일본에 장마의 영향을 미치고, 가을에는 시베리아 기단의
확장으로 남하하는 과정에서 가을 장마가 나타나기도 한다.

## 한랭고기압 寒冷高氣壓 ■

시베리아처럼 찬 지표면으로부터 냉각된 공기가 쌓여 밀도가 커짐으로써 만들어지는 고기압이다. 높이가 1~2km로 낮게 나타난다. 대표적인 예로는 시베리아 지방에서 발달하여 우리 나라에 한파를 가져오는 시베리아 고기압이 해당된다.

## 한랭전선 寒冷前線 ■ ■ ■

따뜻한 기단을 찬 기단이 밀면서 전진할 때 형성되는 전선.
차가운 한랭기단이 상대적으로 무거우므로 온난기단 아래로 파고들어 갈 때 형성되고, 따뜻한 공기가 수직으로 상승하여 수직으로 발달한 비구름이 형성되어 좁은 지역에 소나기가 내리며, 뇌우를 동반하는 경우가 많다.
기상학상의 불연속선 중 하나로, 따뜻하고 가벼운 기단의 아래에 차고 무거운 기단이 들어간 불연속선이다. 한랭전선이 통과하면 소나기나 돌풍이 불고, 통과 후에는 기온이 급강하한다

## 합 合 ■ ■

지구와 행성의 위치 관계에서 행성이 태양 쪽에 있는 경우의 위치 관계이다. 태양과 지구 사이에 행성이 있을 때를 내합, 태양의 뒤쪽에 있을 때를 외합이라고 한다.

## 항성시 恒星時 ■ ■

춘분점을 기준으로 측정하는 시간.
천구상에서는 북극과 천정을 잇는 대원을 자오선이라 하고, 북극과 어떤 천체를 잇는 대원을 시간권이라 한다. 시간권과 자오선이 이루는 각을 시간각이라 하며 춘분점의 시간각이 항성시이다.

### 해들리세포 Hadley Cell ■

적도에서 가열된 공기가 상승하여 고위도로 이동하다가 중위도 지역에서 냉각되어 하강함으로써 형성되는 순환으로, 위도 $0°~30°$ 지역에서 열적 원인에 의해 일어나는 직접 순환이다.

### 해성층 海成層 ■

해양에서 형성된 지층. 우리 나라의 대표적인 해성층으로는 주로 석회암이 퇴적된 조선계 지층을 들 수 있다. 그 주된 분포 지역은 평남 분지와 옥천 지향사인데, 평남, 강원 남부 및 충북 동부 지역이 이에 해당된다. 이들 지역에는 카르스트 지형이 발달하였고 석회암을 원료로 이용하는 시멘트 공업이 발달하였다.

### 해식대지 海蝕臺地 ■

육지의 기반암이 파랑의 침식 작용을 받아 후퇴할 때, 해식애(sea cliff) 밑에 형성되는 평평한 침식면.

해식애와 해식대지( 파식대 )

해식애의 기저부에서 시작되는 해식대지는 조저위 밑으로 연장되는데, 서해안처럼 조차가 큰 해안은 간조 때 해식대지가 전부 노출되는 것이 보통이다. 변산 반도의 채석강에서 전형적인 해식대지와 해식애를 볼 수 있다.

### 해식동 海蝕洞 ■

해안선 가까이에서 파도 · 조류 · 연안수 등의 침식 작용을 받아 해안에 생긴 동굴.

해안에는 주상절리·단층·층리 등이 발달하는데, 지층에서는 이런 곳에 생긴 틈으로 파도가 밀어닥쳐 쐐기 역할을 하고, 그 틈은 점점 넓어져 나중에는 동굴이 된다.

## 해식절벽 海蝕絶壁 ■■

해식동굴의 윗부분이 무너져 형성된 가파른 절벽 지형.

해식절벽의 기저부에는 해식대지가 이어져 있다.

## 해안단구 海岸段丘 ■■

해안 연변을 따라 분포하는 계단 모양의 지형.

평면적으로는 해안선에 평행한 평평한 지형의 발달이 보통이며 지반이 융기하여 형성된 지형이다. 즉 지반의 융기에 따라 삼각주 등의 해안저지나 해식대지가 해면에 대해서 상대적으로 상승된 결과, 새로운 해안선 부근이 해식 작용을 받아 해식절벽과 해식대지가 형성되고 단구화되는 것이다.

## 해양저평원 海洋底平原 ■

해저에 발달한 평평한 지형으로 대양저평원이라고도 한다. 해양저는 대륙사면이 끝나는 부분부터 해저면의 경사가 완만해지고, 대륙대를 통과한 후 평탄한 해저면을 이룬다. 평균수심은 3,000m 내지 6,000m 정도이며 전체 대양의 약 74%를 차지한다.

해양저에는 다양한 구조가 있음이 밝혀졌다. 우선 육지의 산맥에 해당하는 대양저 중앙 해령(midoceanic ridge)이 발달해 있다. 실제로는 규모가 육지 산맥과 비교되지 않을 정도로 어마어마한 것들이다. 대서양의 경우 이 중앙 해령을 경계로 동쪽과 서쪽의 성질이

다르게 나타난다. 이 대양저 중앙 해령에는 그 중심부에 열곡(rift valley)이 발달해 있는데, 이 열곡으로부터 멀어질수록 수심이 깊어진다.

대양저의 여러 곳에는 해산 혹은 해저산(sea mount)이 산재해 있다. 이들 중 어느 것은 해수면 위로 노출되어 섬이 되기도 한다. 대양의 연변부에는 해구(trench)가 존재하기도 한다. 해구는 수심이 10,000m 이상 되는 경우도 있으며 좁고 길다란 심해부를 형성한다. 해구의 내륙 쪽으로는 보통 호상열도가 발달하고 있다.

### 해왕성 海王星, Neptune ■ ■

태양계의 안쪽으로부터 8번째 행성.

천왕성 운동의 예측값과 관측값 사이에 나타난 큰 오차로 인해 천왕성의 바깥쪽에 천왕성의 운동에 영향을 미치는 행성의 존재는 이미 예상되었다. 이 생각을 바탕으로 영국의 J. C. 애덤스와 프랑스의 U. J. 르베리에는 각각 독립적으로 미지 행성의 예측 위치를 구했고, 르베리에의 예측을 토대로 베를린 대학의 J. G. 갈레가 1846년 9월 23일 새 항성을 발견하였다.

위성 트리톤(앞)과 해왕성(뒤)

태양까지의 평균거리는 30.06AU(천문단위), 즉 약 44억 9,700만km이고, 공전주기는 164.8년이다. 지구에서 본 최대밝기는 7.8등급이므로 망원경으로도 푸르스름한 작은 구(球)로 보일 뿐 표면의 무늬 등 자세한 모습은 알 수 없다.

실제 지름은 5만200km로 지구의 약 4배이며 천왕성보다 좀 작지만 질량은 지구의 17.2배로 천왕성보다 조금 크다. 평균밀도는 1.76g/cm로 천왕성보다 약간 크다. 자전주기는 16시간, 자전축은 궤도면에 대하여 29.6° 기울어져 있다.

해왕성의 내부 구조는 이론상 3층으로 추정되고 있다. 중심에는 주로 철·규소로 구성된 핵이 있고, 그 둘레에 물·메탄·암모니아 등 액체로 이루어진 맨틀이 있으며, 최상부는 수소·헬륨 등 기체가 두껍게 덮고 있는 것으로 여겨진다. 대기의 스펙트럼에서는 수소·메탄이 검출되었는데, 암모니아가 확인되지 않는 것은 액체 상태로 깊이 침강했기 때문으로 보인다. 표면온도는 −220℃ 정도, 중심온도는 7,000℃ 정도로 추정된다.

해왕성의 위성으로는 1946년 W. 러셀이 발견한 트리톤(Triton), 1949년 G. P. 카이퍼가 발견한 네레이드(Nereid)가 알려졌는데, 1989년 보이저 2호에 의해 6개의 위성과 적어도 3개의 고리가 더 발견되었다. 해왕성의 제1위성인 트리톤은 지름 약 4,000km의 큰 위성으로, 해왕성으로부터 평균 35만5,000km쯤 떨어져 5.8768일 주기로 공전한다. 이 위성은 궤도면이 해왕성 궤도면에 대해 160° 기울어진 역행위성(逆行衛星)인데, 이와 같이 큰 위성이 거꾸로 돌고 있는 예는 다른 행성에서는 볼 수 없다.

네레이드는 지름 300km이며 공전 궤도 긴반지름은 $5.5 \times 10^6$ km이고, 이심률이 0.75인 매우 긴 타원 궤도를 공전하고 있으며, 궤도경사는 27.5°이다.

## 해일 海溢 ■

해수면의 높이가 갑자기 크게 변하는 현상.

폭풍이나 태풍을 동반한 강한 바람은 연안 해역에서 해수면 위로 5m 이상의 파도를 일으킨다. 해수면의 높이가 갑자기 크게 변하는 이러한 현상을 해일이라고 한다.

해일의 종류에는 태풍이나 온대성 저기압 등에 의한 폭풍해일과 지진, 해저 지반의 함몰, 화산의 분출 등에 의한 지진해일(쓰나미)이 있다. 지진해일은 지진 등과 같이 주로 해양분지의 크고 작은 규모의 변형이 갑자기 발생할 때, 해수면의 갑작스런 상승이나 하강으로 발생된다.

## 해저퇴적물 海底堆積物 ■ ■

해저에 퇴적한 물질로 해저침전물이라고도 한다. 퇴적된 수심의 차이에 따라서 해안선퇴적물 · 천해퇴적물 · 심해퇴적물로 나뉜다.

| 해안선퇴적물 |  조간대에 쌓인 퇴적물로, 다른 퇴적물에 비해 입자가 가장 크다. 대부분 자갈과 모래로 구성되며 진흙(점토)도 포함된다.

| 천해퇴적물 |  간조선부터 수심 약 200m까지의 퇴적물로, 입자는 작고 자갈 · 모래 · 진흙으로 되어 있다.

| 심해퇴적물 |  수심 200m 이상의 퇴적물이며 점토로 되어 있다. 점토는 다시 생물의 유해파편을 많이 포함하는 연니와 원양성 점토로 나누어진다.

연니에는 석회질 연니(탄산칼슘 $CaCO_3$을 50% 이상 함유하는 것)와 유기규산이 풍부한 규질 연니가 있다. 심해퇴적물은 천해퇴적물에 비해서 화학적 · 생물적 조건의 영향을 많이 받는다.

### 해저 협곡 海底峽谷 ■ ▪

대륙사면에 발달한 V자 모양의 대규모 골짜기.

대륙붕단에서부터 대륙사면을 가로질러 대륙대까지 길게 뻗어 있
다. 해저 협곡의 깊이는 수백m 이상에 달하며, 큰 규모의 해저 협
곡은 미국 서부에 발달한 그랜드캐니언(Grand Canyon)과 같은 육
지의 대협곡과도 견줄 만하다. 육지로부터 운반되어 온 퇴적물을
심해로 운반하는 통로 역할을 하며 바닥을 흐르는 저탁류(turbidity
current)의 침식 작용에 의해 형성된다.


### 해풍 海風 ■

해양에서 육지로 부는 바람.

바다와 육지의 가열과 냉각되는 정도의 차이로 발생한다. 햇빛이
강한 낮에는 바다 쪽이 고기압, 육지 쪽이 저기압이 되어 바다에서
육지로 바람이 분다.

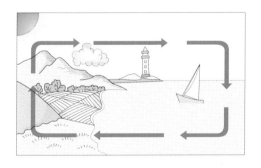


### 핵 융합 반응 核融合反應 ■ ▪

핵 융합 반응을 열핵 반응이라고도 하며, 모든 별들은 열핵 반응으
로 에너지를 만들어내고 있는 것이다.

수소 원자는 하나의 핵(양자)을 중심으로 한 개의 전자가 전자운을

형성하여 핵을 싸고 있기 때문에 다른 입자가 핵에 접근하기란 거의 불가능하다. 즉 보통 때는 수소의 핵과 핵이 서로 접근할 수 없으므로 핵이 융합한다는 것은 불가능하다.

그러나 물질 원자의 온도가 100만K을 넘으면 전자가 핵에서 떨어져 나와 전자와 양자가 따로따로 운동을 하게 된다. 이러한 상태를 '플라스마(plasma)'라 하는데, 이 때 비로소 핵과 핵이 서로 접촉할 가능성이 생긴다. 그러나 핵 자체가 서로 융합되지는 못한다.

핵 융합이 일어나려면 훨씬 높은 온도인 1,000만K을 초과해야 한다. 온도가 이렇게 높으면 핵의 운동 에너지가 굉장히 크기 때문에 핵과 핵이 충돌을 일으켜 핵 융합이 나타날 수 있게 된다.

별의 내부에서 일어나는 수소핵 융합 반응에는 양성자-양성자 반응과 CNO 순환 반응이 있다.

## 향사 向斜 ■ ■

지층이 휘어진 습곡에서 지층의 지질 구조가 골짜기형으로 되어 있는 부분이다. 반대로 산형으로 되어 있는 부분은 배사이다.

향사의 골짜기 바닥에 해당하는 부분을 연결한 선을 향사축, 그 향사축의 양쪽 사면에 해당하는 부분을 향사익이라고 한다.

▶ 그림 참조 → 배사

## 허블 상수 ■ ■ ■

허블의 법칙에서의 비례상수.

허블 상수값은 우주의 나이와 직접적인 관련이 있다. 만약 허블 상수가 100km/s/Mpc이라면 우주의 나이는 100억 년 정도이고, 50km/s/Mpc이라면 150억 년 내지 200억 년 정도가 된다. 값이 정확하지 않은 것은 우주의 질량에 따라서 감속하는 정도가 다르기 때문에 오차가 생기는 것이다. 만약 허블 상수가 80km/s/Mpc이라면 80억 년에서 120억 년 정도의 나이가 나온다.

그런데 이렇게 80 이상의 높은 값의 허블 상수가 갖는 문제점은 별의 진화 모델과 일치하지 않는다는 점이다. 별의 진화 모델은 물리적으로 매우 정밀하게 계산되어 있기 때문에 오차가 많지 않다고 생각되어지고 있다. 그런데 구상성단의 진화 모델에 따르면 130억에서 170억 년 정도의 나이를 가졌다고 생각되는데, 이것은 우주의 나이보다 큰 수이므로 모순이 아닐 수 없다. 그래서 허블 상수는 낮은 값을 가져야 한다고 주장하는 천문학자들이 있는 반면, 과연 구상성단의 나이를 확실하게 알 수 있느냐에 대한 의문도 제기되고 있다.

진화 모델에서는 중원소량이 중요한 구실을 한다. 그 양이 정확하게 측정되었는가 그리고 구상성단까지의 거리는 과연 정확한가 하는 여러 가지 가능한 오차가 있기 때문에 구상성단으로써 허블 상수의 높고 낮음을 판별할 수 없다는 말이다. 허블 상수가 낮은 값을 가져야 하는 이유는 또 있다. 빅뱅 모델에 의해 은하들이 지금의 대규모 구조를 가지게 되기까지 걸리는 시간을 대체적으로 계산할 수가 있다. 그런데 허블 상수가 높은 값을 갖는다면, 즉 우주의 나이가 젊다면 우리가 관측하는 이런 구조가 이루어질 시간이 없었다는 것이다. 그런데 최근의 연구에 의하면 허블 상수의 값은 구상성단의 나이보다 작은 값을 보여 준다.

## 허블의 법칙 Hubble's law ■■■

외부 은하의 후퇴 속도는 거리에 비례하여 커진다는 법칙으로, 1929년 에드윈 허블이 발견하였다.

천문학에 많은 관심을 갖었던 허블은 1914년부터 여키스 천문대에서 천체 관측에 몰두하였고, 제1차 세계대전 후인 1919년 윌슨 천문대의 연구원이 되었다. 1920년대 초에 소용돌이 성운 속에서 세페이드변광성을 발견하고 주기−광도 관계를 기초로 하여 그 거리를 측정한 결과, 모두 은하계 밖에 있는 것임을 확인했고 소용돌이 성운이 외부 은하임을 입증하였다.

1925년 은하계 밖의 은하에 대한 총괄적인 연구를 시작하여 모양에 따른 분류를 시도하였다. 또 1929년 여러 관측자료를 통해 거의 모든 은하들이 적색편이를 갖는다는 것을 알아내고 먼 은하들에 대해 가장 밝은 별은 같은 절대광도를 갖고, 은하들의 평균광도는 같다는 등의 여러 가설을 거쳐 거리를 결정했다. 그래서 거리와 적색편이에 대한 관계를 얻었으며 1929년 그 결과를 발표했다.

$$V = Hr$$

이 결과에서 중요한 것이 바로 은하의 거리와 후퇴 속도가 비례한다는 것이었다. 여기서 $V$는 적색편이로 측정한 후퇴 속도이고 $r$은 은하까지의 거리를 의미한다. $H$가 비례상수로 그 유명한 '허블 상수'이다.

## 헤일로 halo ■ ■ ■

은하 원반의 주위를 둘러싸는 구 모양의 영역.

헤일로는 구상성단과 은하계를 돌고 있는 동반은하(마젤란운 등)의 운동 등으로 광대한 영역을 차지하고 있다고 생각되지만, 그 실태는 잘 알려져 있지 않다.

헤일로는 3층으로 나뉜다. 가장 안쪽의 광학 헤일로에는 빛으로 보이는 구상성단이 분포한다. 지름은 15만 광년이다. 은하핵에 밀집해 있는 구상성단과 비교하면 그 수는 적다. 어느 구상성단이나 은하계 형성시에 생겼다고 생각된다.

광학 헤일로의 바깥쪽에는 X선 헤일로가 존재한다. X선 헤일로는 전파와 X선의 관측을 통해 발견된 것으로, 희박한 고온 가스로 채워져 있다. 광학 헤일로의 2배에서 수 배의 크기를 가진다.

최근의 연구에 따르면 헤일로의 질량은 은하계 안에서 빛나고 있는 천체의 총질량과 같고, 또 그 이상의 것은 없다고 보고 있다. 이것은 X선 헤일로의 바깥쪽에도 암흑의 다크 헤일로가 퍼져 있다고 볼 수 있는 것이다. 다크 헤일로는 전파나 X선으로도 보이지 않는 미지의 영역이다.

## 헥토파스칼 hectopascal ■ ■

압력의 단위(hPa). 세계기상기구(WMO)는 1983년 총회에서 기압의 단위를 1984년 7월 1일부터 헥토파스칼로 바꾸기로 결정했으며, 수치상으로는 밀리바와 같다(1기압=1013mb=1013.25hPa).

## 현곡 懸谷 ■ ■

지류가 본류와 합류하는 지점이 폭포나 급류를 이루고 있는 상태. 하각 작용이 활발하게 일어나는 곳에서 하저의 고도가 달라져 현곡이 된다. 노르웨이·스위스 등에서 볼 수 있는 빙하에 의해 형성된 U자곡에서는 각지에 현곡이 많이 발달되어 있다. 이는 본류 빙하의 침식력이 지류보다 훨씬 크기 때문이다. 이와 같은 경우를 빙하현곡이라고 한다.

## 현무암질 마그마 ■ ■ ■

맨틀 상부나 지각 하부의 고체물질이 온도·압력의 영향으로 녹아서 액체상태로 되어 있는 것을 마그마라 한다. 마그마의 성분 중 규

산염 함량이 50% 내외이며 Fe, Mg, Ca 등을 많이 포함하고 있는
마그마를 현무암질 마그마라 한다.

## 형석 螢石 ■■

화학성분은 $CaF_2$이다. 육면체의 결정을 나타내며 때로는 팔면체의
형태를 이룬다. 굳기는 4이고, 비중 3.1~3.2이다. 청록색 또는 보
라색인 것이 많으며 투명 또는 반투명하고 조흔색은 흰색이다.
가열하면 청색의 인광을 방출하며 튕기는데, 이 때 튕기는 모양이
반딧불이 나는 모양과 같아서 형석이라는 이름이 붙었다.

## 혼 horn ■

빙식을 받은 산지에서 카르(Kar)와 카
르가 만나는 지역에 형성된 날카로운
봉우리를 가리킨다. 스위스와 이탈리아
의 국경에 있는 알프스의 마터호른산과
스위스 베른알프스에 있는 핀스터아어
호른산이 대표적인 예이다.

스위스의 마터호른

## 혼합층 混合層 ■■■

태양에 의해 가열된 해수의 표면이 바람의 혼합 작용으로 섞이면서
깊이에 상관없이 수온이 일정한 표면층이다. 수온이 높은 해수층으
로, 바람이 강한 중위도 해역에서 두껍게 발달한다.
▶그림 참조 → 수온약층

## 홍염 紅焰 ■■■

태양 표면에서는 태양 내부로부터 맹렬한 힘으로 분출된 물질이 표

면 높게, 때로는 수십만km에 달하는 여러 가지 모양의 불기둥으로 나타나는데, 이것을 홍염이라 한다. 그러나 관찰자를 향해서 치솟은 홍염은 관찰하기 어렵고 개기일식 때 태양의 표면이 달에 의해 완전히 가려지면 시선 방향과 직각인 방향에 때마침 나타난 홍염의 모습이 포착되는 수가 있다.

## 화강암질 마그마 ■■■

규산염의 함량이 66% 이상인 마그마로 Na, K 등을 많이 포함하고 있다. 현무암질 마그마의 분화에 의해서 형성되거나 조산대 하부의 지하 30km 깊이에 물이 있을 때 석영 · 장석 등 저온성 규산염광물이 용융되어 형성된다.

## 화산 火山 ■■

지하 깊은 곳에서 생성된 마그마가 지각의 틈을 통해 지표 밖으로 나올 때, 휘발성이 높은 성분은 화산가스가 되고 나머지는 용암이나 화산쇄설물로 분출하여 만들어진 산.
화산은 넓은 대지를 형성하는 곳도 있으나 흔히 원뿔형의 화산체를 이룬다. 오늘날 우리가 볼 수 있는 화산은 제3기 말 이후에 있었던 화산 활동의 산물이다.

## 화산가스 ■

지하의 마그마가 지표 가까이 올라오는 도중 압력이 제거되면 마그마에 용해되어 있던 휘발성 물질이 유리되면서 큰 압력이 생긴다. 이 압력이 화산 폭발과 분화의 원동력이 된다.
화산가스의 주성분은 수증기로 흔히 50% 내외이지만 90% 이상에 달하는 경우도 있다. 그 밖에 이산화탄소 · 일산화탄소 · 이산화황 ·

황화수소 · 염소 · 플루오르 · 질소 · 수소 등을 함유한다.

### 화산 분출물 火山噴出物 ■

화구로부터 분출되는 가스 · 용암 · 암편 또는 암석의 파편을 통틀어
화산 분출물이라고 한다. 어떤 화산에서는 화산쇄설물 또는 화산가
스만을 분출하는 경우도 있지만 흔히 여러 가지 분출물들이 복합적
으로 분화한다.

### 화산쇄설물 火山碎屑岩 ■■

폭발형 화산에서는 용암이 크고
작은 파편으로 화산가스와 함께
분출한다. 이 때 화산의 기반을 이
루고 있던 기존암의 암편도 함께
분출하는데, 이들이 지표상에 낙
하 · 퇴적되어 만들어진 것을 화산
쇄설물이라 한다.

화산탄

화산쇄설물은 크기와 모양에 따라 분류한다. 지름 32mm 이상인
것을 화산암괴라 하고, 지름 4~32mm인 것을 화산력, 4mm 이하
인 것들은 화산재, 특히 0.25mm인 미세한 가루를 화산진이라 한
다. 화산암괴와 화산력 중 특별히 럭비공 모양의 것을 화산탄이라
하며 무게가 60t 이상에 달하는 것도 있다.

### 화산암 火山岩 ■

마그마가 지표로 분출하여 급격히 냉각되어 유리질 또는 세립질 조
직을 보이는 화성암의 총칭이다. 이산화규소($SiO_2$)의 함량에 따라
현무암, 안산암, 유문암으로 나눈다.

### 화석 化石 ■ ■ ■

지질시대(약 1만 년 전부터)에 생존한 고생물의 유체·유해 및 흔적 등이 퇴적물 속에 매몰된 채로 또는 지상에 그대로 보존되어 남아 있는 것이 화석이다. 지층 속에 묻힌 생물체의 유해가 화석화 작용을 거쳐 화석이 된다.

### 화성 火星, Mars ■ ■

망원경으로 보면 붉게 보이는 화성은 태양계의 행성 중 인간의 관심을 가장 많이 끌었던 행성이다. 고대 중국에서는 '불의 행성'으로 알려졌고, 바빌로니아에서는 '죽음과 질병'의 상징으로, 그리스와 로마인들에게는 '전쟁의 신'으로 숭앙되었다.

화성의 지름은 6,788km이다. 이는 지구 지름의 0.35배이고 수성보다 약 40%가 더 크다. 그러나 질량은 지구의 0.11배에 지나지 않고, 밀도는 3.9로 달의 밀도보다는 조금 크고 지구의 밀도(5.5)보다는 훨씬 작다. 따라서 화성의 구조도 지구와는 달리 핵이 작고 지구 핵 물질보다 가벼운 철과 황화철의 혼합물인 것으로 추측된다.

인간의 화성 탐사는 1956년 마리너 4호로 시작되어 1975년 바이킹 1, 2호가 화성 표면에 연착륙하였다. 바이킹 착륙선이 보내 온 사진에는 온통 붉게 물든 하늘과 운석 크레이터, 그리고 큰 협곡 등이 보인다. 또한 극관(極冠)은 얼음으로 덮여 겨울에는 커지고 여름에는 줄어든다. 이러한 물의 존재는 생명체의 가능성을 시사했지만 바이킹은 유감스럽게도 생명체 발견에는 실패했다.

화성 표면 사진을 관찰하면 지질 작용이 빈번했던 흔적을 찾을 수

있다. 남반구는 비교적 평탄하고 운석공이 많아 초기의 표면 상태
가 그대로 남아 있는 반면, 북반구는 절반은 젊은 지형으로 거대한
용암분지와 화산이 많다. 화성에는 태양계의 행성 중 지금까지 발
견된 가장 큰 화산인 올림푸스산이 있다. 화산 하부의 직경이
600km이고 높이가 25km로 한반도를 덮을 정도의 크기이다. 이와
같은 초대형 화산은 화성 내부의 막대한 에너지가 일시에 폭발적으
로 분출했기 때문으로 추측된다. 이는 지구나 금성처럼 판구조 운
동에 의해 규칙적으로 내부 에너지를 소규모로 분출하는 것과는 달
리 판구조 운동이 없음을 시사한다.

화성에는 물의 흐름으로 추측되는 많은 협곡들이 발견되었다. 그
중 가장 큰 것은 길이 5,000km, 폭 200km, 깊이 600km인 발데
스 마리네리스 협곡이다. 현재는 물이 없으며 있다 하더라도 낮은
기압 때문에 외계로 다 빠져나갔을 것이다. 다만, 협곡 주변에 움푹
패인 수지상의 구조로 판단하건대 지하에 얼음이 존재할 것으로 생
각하고 있다.

화성에는 대기가 있지만 밀도는 아주 낮고 기압은 지구의 2백분의
1 정도밖에 되지 않는다. 이는 지구 고도 40km 정도의 높이에 해
당되며 희박한 대기의 성분도 지구의 그것과는 달리 95%가 이산

포보스

데이모스

화탄소이며 나머지는 질소와 아르곤으로 금성의 대기성분과 아주 비슷하다. 화성에는 포보스와 데이모스라는 두 개의 위성이 있다. 이 위성들은 마치 감자와 비슷하게 매끄럽지 못한 타원체의 모습을 하고 있다. 위성의 표면은 검은 색의 수많은 운석 크레이터로 덮여 있다.

## 화성암 火成岩 ■ ■ ■

지하의 마그마가 지표로 분출하면 화산 활동, 지하에서 다른 암석을 관입하면 심성 활동이라 하며 이들 활동을 합쳐 화성 활동이라 한다. 화성 활동으로 형성된 암석이 화성암이다.

조직에 따라 화산암, 반심성암, 심성암으로 구분하고 구성성분에 따라 염기성암, 중성암, 산성암으로 구분한다.

| 화성암의 분류 |

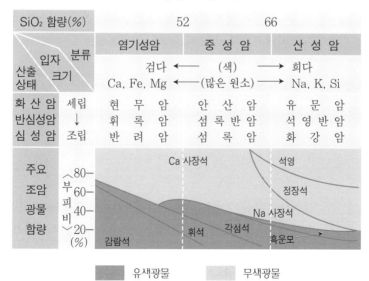

| SiO₂ 함량(%) | | 52 | | 66 |
|---|---|---|---|---|

| 산출<br>상태 | 입자<br>크기 \ 분류 | 염기성암 | 중성암 | 산성암 |
|---|---|---|---|---|
| | | 검다 ← (색) → 희다<br>Ca, Fe, Mg ← (많은 원소) → Na, K, Si | | |
| 화 산 암 | 세립 | 현 무 암 | 안 산 암 | 유 문 암 |
| 반심성암 | ↓ | 휘 록 암 | 섬록반암 | 석 영 반 암 |
| 심 성 암 | 조립 | 반 려 암 | 섬 록 암 | 화 강 암 |

주요 조암 광물 함량

부피비(%) 80─60─40─20─

Ca 사장석  석영  정장석  Na 사장석  각섬석  휘석  흑운모  감람석

■ 유색광물  ■ 무색광물

### 환태평양 조산대 環太平洋造山帶 ■ ■

태평양을 둘러싸는 세계 최대의 신생대 제4기의 화산대.
지구상에서 일어나는 화산 분화의 70~80%를 차지하며, 피해도
크다. 환태평양 조산대는 환태평양 지진대와 거의 일치한다.

### 활석 滑石 ■ ■

성분은 $Mg_3(OH)_2Si_4O_{10}$이다. 투명하거나 반투명하며 괴상의 것은
거의 불투명하다. 조흔색은 백색이고 굳기는 1, 비중은 2.7~2.8이
며 칼로 자를 수 있다. 지방과 같은 감촉이 있다. 화장품 · 활마용 ·
보온용 · 내화재 등에 사용된다.

### 활승안개(산안개) ■

습윤한 공기가 산비탈을 따라 빠르게 상승해 가면서 냉각되고 포화
되어 응결이 일어나 발생하는 안개이다. 이 경우 상승하는 공기가
외부의 다른 공기와 열을 주고받지 않고 상승해 가면서, 단지 이 공
기에 미치는 기압의 감소에 따라 공기가 팽창하게 되어 냉각되므로
단열 과정에 의해 생성되는 안개이다.

### 황도 黃道 ■ ■ ■

지구의 공전으로 나타나는 천구에서의 태양의 겉보기 운동 경로.
지구의 공전궤도면과 황도면은 일치하며, 이것은 적도면과 23°
27′쯤 기울어 있고, 황도상의 적도를 가로지르는 두 점이 춘분점과
추분점이다. 황도를 기준으로 하는 좌표계를 황도좌표계라 하며 행
성의 위치를 나타내는 데 편리하다. 달의 궤도면인 백도면과는 5°
9′ 기울어 있다.

▶그림 참조 → 동지점

## 황도12궁 黃道十二宮 ■■■

천구상에서 황도가 통과하는 12개의 별자리.

황도 전체를 30°씩 12등분하여 각각에 대해 별자리의 이름을 붙인 것이다. 춘분점이 위치한 물고기자리부터 양자리, 황소자리, 쌍둥이자리, 게자리, 사자자리, 처녀자리, 천칭자리, 전갈자리, 궁수자리, 염소자리, 물병자리의 12개 별자리를 말한다.

2,000년 전에는 실제로 이들 별자리들이 상징하는 시간에 맞추어 태양이 별자리들 사이를 지나갔다고 하지만, 그 후 세차 운동 때문에 오늘날 태양이 지나는 위치와 시간은 다소 달라졌다.

## 황동석 黃銅石 ■

화학성분은 $CuFeS_2$이다. 보통은 괴상이지만 때로는 주상의 결정형을 나타낸다. 놋쇠황색 또는 황금색으로 조흔색은 녹흑색을 띠며 (금과의 구별점), 표면은 흔히 흑색 또는 청자색으로 변색된다.

쪼개짐은 없고, 굳기는 3.5~4로 유리로 상처를 낼 수 있을 정도이며(황철석과의 구별점), 비중은 4.1~4.3이다. 금속광택이 있고 불투명하며 무르다.

## 황옥 黃玉 ■

화학성분은 $Al_2SiO_4(OH, F)_2$이다. 토파즈(topaz)라고도 한다.

쪼개짐은 한 방향으로 완전하며 굳기 8, 비중 3.4~3.0이다. 무르고 무색, 때로는 황색·녹색·청색·분홍색 등을 띠며 투명 또는 반투명하다. 조흔색은 무색이며 유리광택이 강하다.

## 황철석 黃鐵石 ■

화학성분은 $FeS_2$이다. 육면체·팔면체·오각십이면체, 그 밖에 여

러 가지 결정형이 있다. 굳기는 6~6.5로 유리에 상처를 낼 수 있고
(황동석과의 구별점), 비중은 5 전후이다. 옅은 놋쇠황색으로 금속
광택이 있고 조흔색은 회흑색으로 무르다.

## 황토 黃土 ■

주로 실트 크기의 지름 0.002~0.005mm인 입자로 이루어진 퇴적
물로, 뢰스(loess)라고도 한다.
중국 황하강 유역에 많이 분포하며 황갈색을 띠고 풍화를 잘 받지
않는다. 모난 수직 벽면을 만들고 주로 석영을 함유하며, 그 밖에
휘석 · 각섬석 등을 함유하고 있어 석회질이다.

## 회합주기 回合週期 ■ ■

행성이 합(合)의 위치에서 다시 합의 위치로 오는 데 걸리는 시간.
회합주기를 이용하여 행성의 공전주기를 구한다. 지구에 가까운 행
성일수록 회합주기는 길어지고, 태양에서 먼 행성일수록 회합주기
는 지구 공전주기(1년)에 가까워진다.
다음 표는 여러 행성의 회합주기이다.

| 행 성 | 수성 | 금성 | 지구 | 화성 | 소행성 | 목성 | 토성 | 천왕성 | 해왕성 | 명왕성 |
|---|---|---|---|---|---|---|---|---|---|---|
| 회합주기 | 116일 | 584일 | ─ | 780일 | 469일 | 399일 | 378일 | 370일 | 368일 | 367일 |

## 휘석 輝石 ■

화학조성이 다양한 규산염의 주요 조암광물로, 복잡한 화학성분을
가진 규산염광물이다.
사각기둥 모양의 결정을 이루며 쌍정인 경우도 많다. 기둥면에 평
행인 두 방향의 완전한 쪼개짐이 있고, 거의 90°로 교차되어 있다.

이것으로써 쪼개짐각이 $120°$와 $60°$의 각섬석과 식별할 수 있다. 백색·담갈색·녹색·회록색을 띠며, 유리광택이 있다. 조흔색은 백색·담갈색·담녹색이다. 굳기는 5~6, 비중 3.2~3.6이다.

## 흑운모 黑雲母 ■ ■

화학성분은 $K(Mg,Fe)_3(OH)_2AlSi_3O_{12}$이다. 판상 또는 인상을 이루며 흔히 육각형 또는 능면체를 나타낸다. 밑면에 쪼개짐이 완전하고 박편은 탄성을 가진다. 흑색·갈흑색·녹흑색 등을 띠며 쪼개짐면은 진주광택이 있고, 때로는 금속광택을 가진다. 굳기는 2.5~3.0, 비중 2.7~3.1이다.

## 흑점 黑點, sunspot ■ ■ ■

태양 표면에 나타나는 검은 점으로, 주위보다 온도가 1,500K 정도 낮아 어둡게 보인다. 2,000년쯤 전 중국에서는 사막에서 날아온 모래가 하늘을 뒤덮어서 눈부심 없이 태양을 직접 볼 수 있을 때, 이 흑점을 관측했다는 기록이 남아 있다. 그래서 중국인들은 태양에 다리가 셋 달린 검은 까마귀가 살고 있다고 상상했었다. 갈릴레오 갈릴레이는 태양 표면에 생겨났다가 사라지는 흑점을 표면에 드는 구름이라 여겼었다.

흑점은 태양의 자기장 때문에 만들어진다. 지구나 태양은 하나의 거대한 자석이기 때문에 남북으로 길게 자기장이 뻗어 있다. 태양은 대략 27일에 한 번씩 자전을 한다. 그러나 이 자전 속도는 태양의 적도에서는 빠르고 고위도 갈수록 느려진다.

원래 태양의 남북으로 길게 뻗어 있는 자기장이 적도에서는 빠른 자전 속도로 인해 동서 방향으로 길쭉하게 늘어나게 되는 것이다. 이렇게 생긴 동서 방향의 자기장이 태양 표면의 대류를 억제하여 태양 표면에 나타난 것이 바로 흑점이다.

흑점은 매년 일정하게 발생하는 것이 아니라 11년을 주기로 흑점 수가 증감한다는 태양 활동 주기설이 있으나, 최근 NASA의 소호 (SOHO) 위성 관측 결과에서는 태양은 특별한 활동의 주기가 없는 것으로 조사되었다.

### 흡수스펙트럼 absorption spectrum ■ ▪

연속스펙트럼의 빛이 저온의 기체를 통과하면 특정한 파장이 흡수되어 검은 띠 모양의 흡수선이 나타나는 스펙트럼.

흡수선의 위치와 세기를 분석해 별의 구성성분을 알아낼 수 있다.

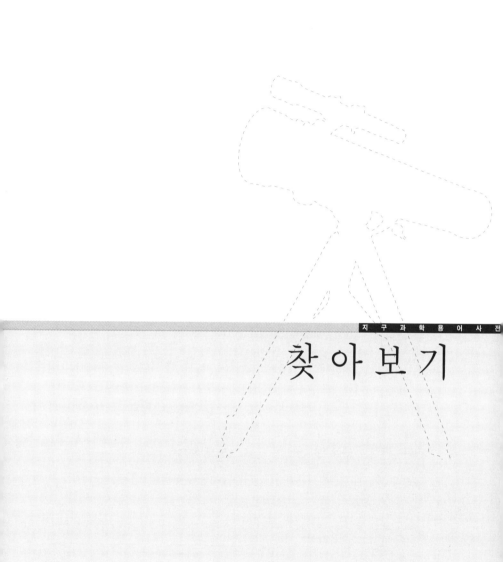

# 찾 아 보 기

| 판권 | |
| --- | --- |
| 본사 | 소유 |

Basic
고교생을 위한 지구과학 용어사전

초판 1쇄 발행  2002년 4월 20일 | 초판 4쇄  발행 2019년 9월 10일 |
엮은이  이석형 | 펴낸이  신원영 | 펴낸곳   (주)신원문화사 |
주소   서울시 구로구 가마산로 27길 14(신원빌딩 10층)
전화   3664-2131~4 | 팩스   3664-2130 |
출판등록   1976년 9월 16일 제5-68호

＊잘못된 책은 바꾸어 드립니다.

ISBN   89 - 359 - 1013 - 9   41400